JQuery 动态网页设计与制作

周小燕　张　燕　梁青青　主编

清华大学出版社
北京

内 容 简 介

本书是针对零基础读者研发的网站前端开发入门教材。本书侧重案例实训，并配有丰富的微课，读者可以扫描二维码观看。

本书共分为 15 章，包括 jQuery 快速入门、jQuery 的选择器、使用 jQuery 控制页面、jQuery 操作事件、jQuery 操作动画、jQuery 的功能函数、jQuery 插件的应用与开发、jQuery 与 Ajax 技术的应用、jQuery 的经典交互特效案例、设计响应式网页、流行的响应式开发框架 Bootstrap 等内容，最后通过 4 个热点综合项目，进一步巩固读者的项目开发经验。

通过书中提供的精选热点案例，可以让初学者快速掌握网站前端开发技术。通过微信扫码看视频，可以随时在移动端学习对应的开发技能。本书还提供技术支持，专为读者答疑解难，可降低零基础学习网站前端开发技术的门槛。

图书在版编目(CIP)数据

JQuery 动态网页设计与制作/周小燕，张燕，梁青青主编. —北京：清华大学出版社，2023.5
ISBN 978-7-302-63116-3

Ⅰ. ①J… Ⅱ. ①周… ②张… ③梁… Ⅲ. ① JAVA 语言—网页制作工具—教材 Ⅳ. ①TP312.8 ②TP393.092.2

中国国家版本馆 CIP 数据核字(2023)第 047569 号

责任编辑：张彦青
装帧设计：李 坤
责任校对：吕丽娟
责任印制：朱雨萌
出版发行：清华大学出版社
    网   址：http://www.tup.com.cn, http://www.wqbook.com
    地   址：北京清华大学学研大厦 A 座   邮 编：100084
    社 总 机：010-83470000   邮 购：010-62786544
    投稿与读者服务：010-62776969, c-service@tup.tsinghua.edu.cn
    质量反馈：010-62772015, zhiliang@tup.tsinghua.edu.cn
印 装 者：三河市天利华印刷装订有限公司
经 销：全国新华书店
开 本：185mm×260mm   印 张：22   字 数：532 千字
版 次：2023 年 5 月第 1 版   印 次：2023 年 5 月第 1 次印刷
定 价：78.00 元

产品编号：080078-01

前　　言

　　jQuery 是目前最受欢迎的 JavaScript 库之一，能用很少的代码实现较多的功能。对最新 jQuery 的学习也成为网页设计师的必修功课。目前，学习和关注 jQuery 的人越来越多，而很多初学者都苦于找不到一本通俗易懂、容易入门和案例实用的参考书。本书正是为满足以上读者而精心创作的。通过本书的案例实训，大学生也可以很快地上手流行的动态网站开发方法，提高职业化能力，从而解决公司与学生的双重需求问题。

本书特色

- ■　零基础、入门级的讲解

　　无论您是否从事计算机相关行业或接触过网站开发，都能从本书中找到最佳起点。

- ■　实用、专业的范例和项目

　　本书在内容编排上紧密结合深入学习网页设计的过程，从 jQuery 的基本概念开始，逐步带领读者学习网站前端开发的各种应用技巧，侧重实战技能，使用简单易懂的实际案例进行分析和操作指导，让读者学起来简单轻松，操作起来有章可循。

- ■　随时随地学习

　　本书提供了微课视频，通过手机扫码即可观看，随时随地解决学习中的困惑。

- ■　全程同步教学视频

　　本书同步教学视频涵盖书中所有的知识点，详细介绍了每个实例及项目的创建过程及技术关键点。读者看视频比看书能更轻松地掌握书中所有的 jQuery 前端开发知识，而且扩展的讲解部分使读者能得到比书中更多的收获。

- ■　超多容量王牌资源

　　赠送大量王牌资源，包括实例源代码、教学幻灯片、本书精品教学视频、88 个实用类网页模板、12 部网页开发必备参考手册、jQuery 事件参考手册、HTML5 标签速查手册、精选的 JavaScript 实例、CSS3 属性速查表、JavaScript 函数速查手册、CSS+DIV 布局赏析案例、精彩网站配色方案赏析、网页样式与布局案例赏析、Web 前端工程师常见面试题等。

读者对象

　　这是一本完整介绍网站前端技术的教程，内容丰富、条理清晰、实用性强，适合以下读者学习使用。

- ●　零基础的 jQuery 网站前端开发自学者。

- 希望快速、全面掌握 jQuery 网站前端开发的人员。
- 高等院校或培训机构的老师和学生。
- 参加毕业设计的学生。

如何获取本书配套资料和帮助

为帮助读者高效、快捷地学习本书知识点，我们不但为读者准备了与本书知识点有关的配套素材文件，而且还设计并制作了精品视频教学课程，同时还为教师准备了 PPT 课件资源。购买本书的读者，可以扫描下方的二维码获取相关的配套学习资源。

88 个实用类网页 教学幻灯片.rar 实例源代码.rar 附赠电子书.rar 精选的 JavaScript
模板.zip   实例.zip

读者在学习本书的过程中，使用 QQ 或者微信的扫一扫功能，扫描本书各标题右侧的二维码，在打开的视频播放页面中可以在线观看视频课程，也可以下载并保存到手机中离线观看。

创作团队

本书由周小燕、张燕、梁青青主编。其中，兰州文理学院的周小燕老师负责编写了第 1～5 章，共计 182 千字；兰州文理学院的张燕老师负责编写了第 6～11 章，共计 198 千字；兰州文理学院的梁青青老师负责编写了第 12～15 章，共计 132 千字。在编写本书的过程中，我们虽竭尽所能将 jQuery 的前端开发知识呈现给读者，但难免有疏漏和不妥之处，敬请读者不吝指正。

编　者

目　　录

第1章

jQuery 快速入门

当今，随着互联网的快速发展，程序员开始越来越重视程序功能的封装与开发，进而可以从烦琐的 JavaScript 中解脱出来，以便后人在遇到相同问题时可以直接使用，提高项目的开发效率，而 jQuery 就是一个优秀的 JavaScript 脚本库。本章重点学习 jQuery 框架的基础知识。

1.1　认识 jQuery

　　jQuery 是一个兼容多浏览器的 JavaScript 框架，它的核心理念是“写得更少，做得更多”。jQuery 于 2006 年 1 月由美国人 John Resig 在纽约的 Barcamp 发布，吸引了来自世界各地众多的 JavaScript 高手加入，如今，jQuery 已经成为最流行的 JavaScript 框架之一。

1.1.1　jQuery 能做什么

　　最开始时，jQuery 所提供的功能非常有限，仅仅能增强 CSS 的选择器功能，而如今 jQuery 已经发展成集 JavaScript、CSS、DOM 和 Ajax 于一体的优秀框架，其模块化的使用方式使开发者可以很轻松地开发出功能强大的静态或动态网页。目前，很多网站的动态效果就是利用 jQuery 脚本库制作出来的，如中国网络电视台、CCTV、京东商城等。

　　下面来介绍京东商城应用的 jQuery 效果。访问京东商城的首页时，在右侧可以看到话费、旅行、彩票、游戏栏目，这里应用 jQuery 实现了选项卡的效果。将鼠标指针移动到“话费”栏目上，选项卡中将显示手机话费充值的相关内容，如图 1-1 所示；将鼠标指针移动到“游戏”栏目上，选项卡中将显示游戏充值的相关内容，如图 1-2 所示。

图 1-1　显示手机话费充值的相关内容

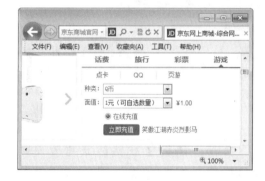

图 1-2　显示游戏充值的相关内容

1.1.2　jQuery 的特点

　　jQuery 是一个简洁快速的 JavaScript 脚本库，其独特的选择器、链式的 DOM 操作方式、事件绑定机制、封装完善的 Ajax 都是其他 JavaScript 库望尘莫及的。

　　jQuery 的主要特点如下。

　　(1)　代码短小精湛。jQuery 是一个轻量级的 JavaScript 脚本库，其代码非常短小，采用 Dean Edwards 的 Packer 压缩后，只有不到 30KB，如果服务器端启用 gzip 压缩，甚至只有 16KB。

　　(2)　强大的选择器支持。jQuery 可以让操作者使用从 CSS 1 到 CSS 3 几乎所有的选择器，以及 jQuery 独创的高级又复杂的选择器。

　　(3)　出色的 DOM 操作封装。jQuery 封装了大量常用的 DOM 操作，使用户编写 DOM 操作相关程序的时候能够得心应手，轻松地完成各种原本非常复杂的操作，让 JavaScript

新手也能写出出色的程序。

(4) 可靠的事件处理机制。jQuery 的事件处理机制吸取了 JavaScript 专家 Dean Edwards 编写的事件处理函数的精华，使得 jQuery 处理事件绑定的时候相当可靠。在预留退路方面，jQuery 也做得非常不错。

(5) 完善的 Ajax。jQuery 将所有的 Ajax 操作封装到一个$.ajax 函数中，使得用户处理 Ajax 的时候能够专心处理业务逻辑，而无须关心复杂的浏览器兼容性和 XML Http Request 对象的创建和使用问题。

(6) 出色的浏览器兼容性。作为一个流行的 JavaScript 库，浏览器的兼容性自然是必须具备的条件之一。jQuery 能够在 IE 6.0+、FF 2+、Safari 2.0+和 Opera 9.0+下正常运行，同时修复了一些浏览器之间的差异，使用户无须在开展项目前因为忙于建立一个浏览器兼容库而焦头烂额。

(7) 丰富的插件支持。任何事物如果没有很多人的支持，是永远发展不起来的。jQuery 的易扩展性，吸引了全球的开发者来共同编写 jQuery 的扩展插件，目前已经有几百种的官方插件支持。

(8) 开源特点。jQuery 是一个开源的产品，任何人都可以自由地使用。

1.2　下载并安装 jQuery

要想在开发网站的过程中应用 jQuery 库，需要下载并安装它，本节将介绍如何下载与安装 jQuery。

1.2.1　下载 jQuery

jQuery 是一个开源的脚本库，可以从其官方网站(http://jquery.com)下载，下载 jQuery 库的操作步骤如下。

01 在浏览器的地址栏中输入"http://jquery.com"，按下 Enter 键，即可进入 jQuery 官方网站的首页，如图 1-3 所示。

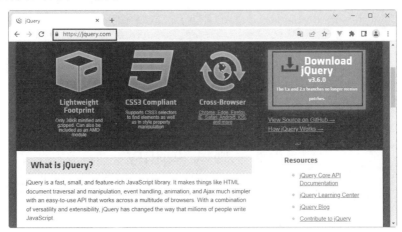

图 1-3　jQuery 官方网站的首页

02 在 jQuery 官方网站的首页中，可以下载最新版本的 jQuery 库，在其中单击 jQuery 库的下载链接，即可下载 jQuery 库，如图 1-4 所示。

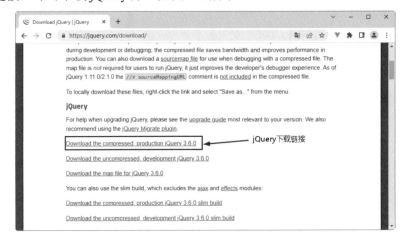

图 1-4　下载 jQuery 库

 在图 1-4 中单击 Download the compressed, production jQuery 3.6.0 链接，将会下载代码压缩版本，下载的文件为 jquery-3.6.0.min.js。如果单击 Download the uncompressed, development jQuery 3.6.0 链接，则会下载包含注释的未被压缩的版本，下载的文件为 jquery-3.6.0.js。

1.2.2　安装 jQuery

将 jQuery 库文件 jquery-3.6.0.min.js 下载到本地计算机后，将其名称修改为 jquery.min.js，然后将 jquery.min.js 文件放置到项目文件夹中，根据需要应用到 jQuery 的页面中即可。

使用下面的语句，将其引用到文件中：

```
<script src="jquery.min.js" type="text/javascript"></script>
<!--或者-->
<script Language="javascript" src="jquery.min.js"></script>
```

 引用 jQuery 的<script>标签必须放在所有的自定义脚本的<script>之前，否则在自定义的脚本代码中无法应用 jQuery 脚本库。

1.3　测试 jQuery

jQuery 库文件被引用后，就可以在页面中进行 jQuery 开发了。下面通过一个简单的例子来理解。

实例 1　调用 alert()方法弹出一个提示信息框(案例文件：ch01\1.1.html)

```html
<!DOCTYPE html>
<html>
<head>
    <meta charset="UTF-8">
    <title>测试 jQuery</title>
    <script language="javascript" src="jquery.min.js"></script>
    <script language="javascript">
        $(function(){
            alert("人生苦短，我用 jQuery! ");
        });
    </script>
</head>
<body>
</body>
</html>
```

以上代码的运行结果如图 1-5 所示。

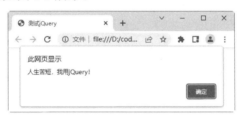

图 1-5　测试结果

在上述案例代码中，$是 jQuery 的别名，$()等效于 jQuery()。jQuery()函数是 jQuery 库文件的接口函数，所有 jQuery 操作都必须从该接口函数切入。jQuery()函数相当于页面初始化事件处理函数，当页面加载完成后，会执行 jQuery()函数所包含的函数。

1.4　jQuery 与 CSS

对于设计者来说，CSS 是一个非常灵活的工具，使用 CSS 不必再把复杂的样式定义编写在文档结构中，可以将有关文档的样式内容全部脱离出来。这样做的最大优势就是在后期维护中只需要修改代码即可。

1.4.1　CSS 构造规则

CSS 样式表是由若干条样式规则组成的，这些样式规则可以应用到不同的元素或文档中，来定义它们显示的外观。每条样式规则均由三部分构成：选择符(selector)、属性(property)和属性值(value)，基本格式如下：

```
selector{property: value}
```

(1) selector 选择符可以采用多种形式，可以是文档中的 HTML 标记，例如<body>、<table>、<p>等，也可以是 XML 文档中的标记。

(2) property 属性是选择符指定的标记所包含的属性。

(3) value 指定了属性的值。如果定义选择符的多个属性，则属性和其属性值为一组，组与组之间用分号(;)隔开。基本格式如下：

```
selector{property1: value1; property2: value2; ...}
```

下面给出一条样式规则，如下所示：

```
p{color: red}
```

该样式规则的选择符是 p，即为段落标记<p>提供样式，color 为指定文字颜色属性，red 为属性值。此样式表示标记<p>指定的段落文字为红色。

如果要为段落设置多种样式，则可以使用如下语句：

```
p{font-family:"隶书"; color:red; font-size:40px; font-weight:bold}
```

1.4.2 jQuery 的引入

jQuery 的引入弥补了浏览器与 CSS 兼容性不好的缺陷，因为 jQuery 几乎提供了所有的 CSS 属性选择器，而且 jQuery 的兼容性很好，目前的主流浏览器几乎都可以完美实现。开发者只需要按照以前的方法定义 CSS 类别，在引入 jQuery 后，通过 addClass()方法添加至指定元素中即可。

实例 2 jQuery 的引入为 CSS 带来便利(案例文件：ch01\1.2.html)

```
<!DOCTYPE html>
<html>
<head>
    <!--指定页面编码格式-->
    <meta charset="UTF-8">
    <style type="text/css">
        .NewClass{ /* 设定某个 CSS 类别 */
            background-color: #223344;
            color: #22ff37;
        }
    </style>
    <script language="javascript" src="jquery.min.js"></script>
    <script language="javascript">
        $(function(){ /*先用 CSS 3 的选择器，然后添加样式风格*/
            $("a:nth-child4)").addClass("NewClass");
        });
    </script>
</head>
<body>
<a href="#">首页</a>
<a href="#">精品课程</a>
<a href="#">技术支持</a>
<a href="#">联系我们</a>
</body>
</html>
```

以上代码的运行结果如图 1-6 所示。

图 1-6　jQuery 和 CSS 应用示例

1.5　通过案例理解 jQuery 的技术优势

　　jQuery 最大的技术优势就是简捷实用，能够使用短小的代码实现复杂的网页预览效果。下面通过例子来介绍 jQuery 的技术优势。

　　在日常生活中，经常会遇到各种各样以表格形式出现的数据，当数据量很大或者表格格式过于复杂时，会使人感觉混乱，所以人们常常通过奇偶行异色来实现使数据一目了然的效果。如果利用 JavaScript 来实现奇偶行变色的效果，需要用 for 循环遍历所有行，当行数为偶数的时候，添加不同类别即可。

实例 3　用 JavaScript 实现表格奇偶行异色(案例文件：ch01\1.3.html)

```
<!DOCTYPE html>
<html>
<head>
    <style>
        <!--
        .datalist{
            border:1px solid #007108;        /* 表格边框 */
            font-family:Arial;
            border-collapse:collapse;        /* 边框重叠 */
            background-color:#d999dc;        /* 表格背景色:紫色 */
            font-size:14px;
        }
        .datalist th{
            border:1px solid #007108;        /* 行名称边框 */
            background-color:#000000;        /* 行名称背景色：黑色*/
            color:#FFFFFF;                   /* 行名称颜色: 白色 */
            font-weight:bold;
            padding-top:4px; padding-bottom:4px;
            padding-left:12px; padding-right:12px;
            text-align:center;
        }
        .datalist td{
            border:1px solid #007108;        /* 单元格边框 */
            text-align:left;
            padding-top:4px; padding-bottom:4px;
            padding-left:10px; padding-right:10px;
        }
        .datalist tr.altrow{
            background-color:#a5e5ff;        /* 隔行变色:蓝色 */
        }
```

```
        -->
    </style>
    <script language="javascript">
        window.onload = function(){
            var oTable = document.getElementById("Table");
            for(var i=0;i<Table.rows.length;i++){
                if(i%2==0)              //偶数行时
                    Table.rows[i].className = "altrow";
            }
        }
    </script>
</head>
<body>
<table class="datalist" summary="list of members in EE Studay"
id="Table">
    <tr>
        <th scope="col">名称</th>
        <th scope="col">价格</th>
        <th scope="col">产地</th>
        <th scope="col">库存</th>
    </tr>
    <tr>
        <td>冰箱</td>
        <td>6800 元</td>
        <td>北京</td>
        <td>4600 台</td>
    </tr>
    <tr>
        <td>洗衣机</td>
        <td>4800 元</td>
        <td>北京</td>
        <td>4900 台</td>
    </tr>
    <tr>
        <td>空调</td>
        <td>6900 元</td>
        <td>上海</td>
        <td>6900 台</td>
    </tr>
    <tr>
        <td>电视机</td>
        <td>4999 元</td>
        <td>上海</td>
        <td>4600 台</td>
    </tr>
</table>
</body>
</html>
```

以上代码的运行结果如图 1-7 所示。

图 1-7　表格的奇偶行异色效果

下面使用 jQuery 来实现表格奇偶行异色。当引入 jQuery 时，jQuery 的选择器会自动选择奇偶行。

实例 4　用 jQuery 实现表格奇偶行异色(案例文件：ch01\1.4.html)

将实例 3 中的 1.3.html 文件中的代码：

```javascript
<script language="javascript">
    window.onload = function(){
        var oTable = document.getElementById("Table");
        for(var i=0;i<Table.rows.length;i++){
            if(i%2==0)          //偶数行时
                Table.rows[i].className = "altrow";
        }
    }
</script>
```

修改如下：

```javascript
<script language="javascript" src="jquery.min.js"></script>
<script language="javascript">
$(function(){
    $("table.datalist tr:nth-child(odd)").addClass("altrow");
});
</script>
```

以上代码的运行结果与使用 JavaScript 的结果完全一样，但是代码量减少，一行代码就可轻松实现，语法也十分简单。

1.6　上 机 练 习

练习 1：制作一个简单的引用 jQuery 框架的程序

制作一个简单的引用 jQuery 框架的程序，运行程序，将弹出如图 1-8 所示的对话框。

练习 2：制作一个用 jQuery 实现表格奇偶行异色的程序

使用 jQuery 来实现表格奇偶行异色，运行程序，将弹出如图 1-9 所示的对话框。

图 1-8　引用 jQuery 框架的程序运行结果

图 1-9　实现奇偶行异色的表格

第 2 章

jQuery 的选择器

在 JavaScript 中，要想获取网页的 DOM 元素，必须使用该元素的 ID 和 TagName，但是在 jQuery 中，遍历 DOM、事件处理、CSS 控制、动画设计和 Ajax 操作都要依赖选择器。熟练使用选择器，不仅可以简化代码，还可以提高开发效率。本章介绍如何使用 jQuery 的选择器选择匹配的元素。

2.1　jQuery 中美元符号$的使用

美元符号$是 jQuery 中最常用的一个符号，用于声明 jQuery 对象。可以说，在 jQuery 中，无论使用哪种类型的选择器，都需要从一个"$"符号和一对"()"开始。在"()"中通常使用字符串参数，参数中可以包含任何 CSS 选择符表达式。

2.1.1　$符号的使用

$是 jQuery 中选取元素的符号，用来选择某一类或者某一个元素。其通用语法格式如下：

```
$(selector)
```

$通常的用法有以下几种。

(1) 在参数中使用标记名，如$("div")，用于获取文档中全部的<div>。

(2) 在参数中使用 ID，如$("#usename")，用于获取文档中 ID 属性值为 usename 的一个元素。

(3) 在参数中使用 CSS 类名，如$(".btn_grey")，用于获取文档中 CSS 类名为 btn_grey 的所有元素。

实例 1　选择文本段落中的偶数行(案例文件：ch02\2.1.html)

```
<!DOCTYPE html>
<html>
<head>
    <!--指定页面编码格式-->
    <meta charset="UTF-8">
    <!--指定页头信息-->
    <title>选择文本段落中的偶数行</title>
    <script language="javascript" src="jquery.min.js"></script>
    <script language="javascript">
        window.onload = function(){
            var oElements = $("p:even");            //选择匹配元素
            for(var i=0; i<oElements.length; i++)
                oElements[i].innerHTML = i.toString();
        }
    </script>
</head>
<body>
<div id="body">
    <p>莲花</p>
    <p>绿塘摇滟接星津</p>
    <p>轧轧兰桡入白蘋</p>
    <p>应为洛神波上袜</p>
    <p>至今莲蕊有香尘</p>
</div>
</body>
</html>
```

以上代码的运行结果如图 2-1 所示。如果想选择奇数行，将 p:even 修改为 p:odd 即可。

图 2-1 选择文本段落中的偶数行

2.1.2 功能函数的前缀

$是功能函数的前缀。例如，JavaScript 中没有提供清理文本框中空格的功能，但在引入 jQuery 后，开发者就可以直接调用 trim()函数来轻松地去掉文本框中的空格，不过需要在函数前加上"$"符号。

实例2 去除字符串前后的空格(案例文件：ch02\2.2.html)

```
<!DOCTYPE html>
<html>
<head>
    <!--指定页面编码格式-->
    <meta charset="UTF-8">
    <!--指定页头信息-->
    <title>去除字符串前后的空格</title>
    <script language="javascript" src="jquery.min.js"></script>
    <script language="javascript">
        var String = "  露湿秋香满池岸，由来不羡瓦松高。  ";
        String = $.trim(String);
        alert(String);
    </script>
</head>
<body>
</body>
</html>
```

以上代码的运行结果如图 2-2 所示，可以看到这段代码的功能是将字符串中首尾的空格全部去掉。

图 2-2 使用 trim()函数示例

2.1.3 创建 DOM 元素

jQuery 可以使用"$"创建 DOM 元素。例如，下面的 JavaScript 脚本就是用来创建 DOM 的代码：

```
var NewElement = document.createElement("p");
var NewText = document.createTextNode("Hello World!");
NewElement.appendChild(NewText);
```

其中，appendChild()方法用于在节点之下加入新的文本。上面的代码在 jQuery 中可以直接简化为：

```
var NewElement = $("<p>Hello World!</p>");
```

实例 3 创建 DOM 元素(案例文件：ch02\2.3.html)

```
<!DOCTYPE html>
<html>
<head>
    <meta charset="UTF-8">
    <title>创建 DOM 元素</title>
    <script language="javascript" src="jquery.min.js"></script>
    <script language="javascript">
        $(document).ready(function(){
            var New = $("<a>(添加新文本内容)</a>");           //创建 DOM 元素
            New.insertAfter("#target");           //insertAfter()方法
        });
    </script>
</head>
<body>
<a id="target" href="https://www.google.com.hk/">Google</a>
<a href="http://www.baidu.com">Baidu</a>
</body>
</html>
```

以上代码的运行结果如图 2-3 所示。

图 2-3 创建 DOM 示例

2.2 基本选择器

jQuery 的基本选择器是应用最广泛的选择器，是其他类型选择器的基础，是 jQuery 选择器中最为重要的部分，这里建议读者重点掌握。jQuery 的基本选择器包括通配符选择器、ID 选择器、类名选择器、元素选择器、复合选择器等。

2.2.1　通配符选择器(*)

通配符(*)选择器用于选取文档中的每个单独的元素，包括<html>、<head>和<body>。如果与其他元素(如嵌套选择器)一起使用，该选择器选取指定元素中的所有子元素。

通配符(*)选择器的语法格式如下：

```
$(*)
```

实例 4　选择<body>内的所有元素(案例文件：ch02\2.4.html)

```
<!DOCTYPE html>
<html>
<head>
    <meta charset="UTF-8">
    <title>通配符选择器</title>
    <script language="javascript" src="jquery.min.js"></script>
    <script language="javascript">
        $(document).ready(function(){
            $("body *").css("background-color","#B2E0FF");
        });
    </script>
</head>
<body>
<h1>老码识途课堂</h1>
<p class="intro">公众号介绍</p>
<p>名称：老码识途课堂</p>
<p>发表文章的范围：网站开发、人工智能和网络安全</p>
<div id="choose">
    课程分类：
    <ul>
        <li>网站开发训练营</li>
        <li>网络安全训练营</li>
        <li>人工智能训练营</li>
    </ul>
</div>
</body>
</html>
```

以上代码的运行结果如图 2-4 所示，可以看到网页中用背景色显示出<body>中所有的元素内容。

图 2-4　选择<body>内的所有元素

2.2.2 ID 选择器(#id)

ID 选择器是利用 DOM 元素的 ID 属性值来筛选匹配的元素，并以 jQuery 包装集的形式返回给对象。ID 选择器的语法格式如下：

```
$("#id")
```

实例 5 选择<body>中 id 为"choose"的所有元素(案例文件：ch02\2.5.html)

```html
<!DOCTYPE html>
<html>
<head>
    <meta charset="UTF-8">
    <title>选择 id 为"choose"的所有元素</title>
    <script language="javascript" src="jquery.min.js"></script>
    <script language="javascript">
        $(document).ready(function(){
            $("#choose").css("background-color","#B2E0FF");
        });
    </script>
</head>
<body>
<h1>老码识途课堂</h1>
<p class="intro">公众号介绍</p>
<p>名称：老码识途课堂</p>
<p>发表文章的范围：网站开发、人工智能和网络安全</p>
<div id="choose">
    课程分类：
    <ul>
        <li>网站开发训练营</li>
        <li>网络安全训练营</li>
        <li>人工智能训练营</li>
    </ul>
</div>
</body>
</html>
```

以上代码的运行结果如图 2-5 所示，可以看到网页中只用背景色显示 id 为"choose"的元素内容。

图 2-5 使用 ID 选择器示例

不要使用数字开头的 ID 名称，因为数字无法转换为对象名，从而导致 JavaScript 访问对象时出现问题。

2.2.3　类名选择器(.class)

类名选择器是通过元素拥有的 CSS 类的名称查找匹配的 DOM 元素，与 ID 选择器不同，类名选择器常用于多个元素，这样就可以为带有相同 class 的任何 HTML 元素设置特定的样式了。

类名选择器的语法格式如下：

```
$(".class")
```

实例 6　选择\<body\>中拥有指定 CSS 类名称的所有元素(案例文件：ch02\2.6.html)

```html
<!DOCTYPE html>
<html>
<head>
    <meta charset="UTF-8">
    <title>选择拥有指定 CSS 类名称的所有元素</title>
    <script language="javascript" src="jquery.min.js"></script>
    <script language="javascript">
    $(document).ready(function(){
        $(".intro").css("background-color","#B2E0FF");
    });
    </script>
</head>
<body>
<h1>老码识途课堂</h1>
<p class="intro">公众号介绍</p>
<p class="intro">名称：老码识途课堂</p>
<p class="intro">发表文章的范围：网站开发、人工智能和网络安全</p>
<div id="choose">
    课程分类：
    <ul>
        <li>网站开发训练营</li>
        <li>网络安全训练营</li>
        <li>人工智能训练营</li>
    </ul>
</div>
</body>
</html>
```

以上代码的运行结果如图 2-6 所示，可以看到网页中只突出显示拥有 CSS 类名称的匹配元素。

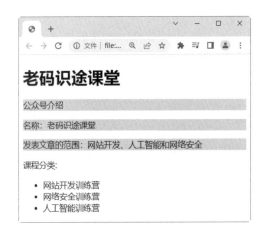

图 2-6　使用类名选择器示例

2.2.4　元素选择器(element)

元素选择器根据元素名称匹配相应的元素。通俗地讲，元素选择器是根据选择的标记名来选择的，其中标记名引用 HTML 标记的"<"与">"之间的文本。多数情况下，元素选择器匹配的是一组元素。

元素选择器的语法格式如下：

```
$("element")
```

实例 7　选择<body>中标记名为<h1>的元素(案例文件：ch02\2.7.html)

```html
<!DOCTYPE html>
<html>
<head>
    <meta charset="UTF-8">
    <title>选择标记名为 h1 的元素</title>
    <script language="javascript" src="jquery.min.js"></script>
    <script language="javascript">
        $(document).ready(function(){
            $("h1").css("background-color","#B2E0FF");
        });
    </script>
</head>
<body>
<h1>老码识途课堂</h1>
<p class="intro">公众号介绍</p>
<p class="intro">名称: 老码识途课堂</p>
<p class="intro">发表文章的范围: 网站开发、人工智能和网络安全</p>
<div id="choose">
    课程分类:
    <ul>
        <li>网站开发训练营</li>
        <li>网络安全训练营</li>
        <li>人工智能训练营</li>
    </ul>
</div>
```

```
</body>
</html>
```

以上代码的运行结果如图 2-7 所示，可以看到网页中只突出显示标记<h1>所对应的元素。

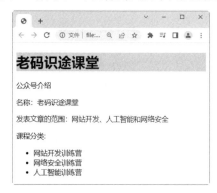

图 2-7　使用元素选择器示例

2.2.5　复合选择器

复合选择器是将多个选择器组合在一起，可以是 ID 选择器、类名选择器或元素选择器，它们之间用逗号分开，只要符合其中的任何一个筛选条件，就会匹配，并以集合的形式返回 jQuery 包装集。

复合选择器的语法格式如下：

```
$("selector1,selector2,selectorN")
```

参数的含义如下。

(1) selector1：一个有效的选择器，可以是 ID 选择器、元素选择器或者类名选择器等。

(2) selector2：另一个有效的选择器，可以是 ID 选择器、元素选择器或者类名选择器等。

(3) selectorN：任意多个选择器，可以是 ID 选择器、元素选择器或者类名选择器等。

实例 8　获取 id 为 "choose" 和 CSS 类为 "intro" 的所有元素(案例文件：ch02\2.8.html)

```
<!DOCTYPE html>
<html>
<head>
    <meta charset="UTF-8">
    <title>获取 id 为 "choose" 和 CSS 类为 "intro" 的所有元素</title>
    <script language="javascript" src="jquery.min.js"></script>
    <script language="javascript">
        $(document).ready(function(){
            $("#choose,.intro").css("background-color","#B2E0FF");
        });
    </script>
</head>
<body>
<h1 class="intro">老码识途课堂</h1>
<p>公众号介绍</p>
<p>名称：老码识途课堂</p>
```

```
<p>发表文章的范围：网站开发、人工智能和网络安全</p>
<div id="choose">
    课程分类：
    <ul>
        <li>网站开发训练营</li>
        <li>网络安全训练营</li>
        <li>人工智能训练营</li>
    </ul>
</div>
</body>
</html>
```

以上代码的运行结果如图 2-8 所示，可以看到网页中突出显示 id 为 "choose" 和 CSS
类为 "intro" 的元素内容。

图 2-8　使用复合选择器示例

2.3　层级选择器

层级选择器是根据 DOM 元素之间的层次关系来获取特定的元素，例如后代元素、子
元素、相邻元素和兄弟元素等。

2.3.1　祖先后代选择器(ancestor descendant)

ancestor descendant 为祖先后代选择器，其中 ancestor 为祖先元素，descendant 为后代
元素，用于选取给定祖先元素下的所有匹配的后代元素。

祖先后代选择器的语法格式如下：

```
$("ancestor descendant")
```

参数的含义如下。

(1) ancestor：任何有效的选择器。

(2) descendant：用以匹配元素的选择器，并且是 ancestor 指定的元素的后代元素。

例如，想要获取 ul 元素下的全部 li 元素，就可以使用如下 jQuery 代码：

```
$("ul li")
```

实例 9　使用 jQuery 为古诗《春风》设置样式(案例文件：ch02\2.9.html)

```html
<!DOCTYPE html>
<html>
<head>
    <meta charset="UTF-8">
    <title>祖先后代选择器</title>
    <style type="text/css">
        body{
            margin: 0px;
        }
        #top{
            background-color: #B2E0FF;    /*设置背景颜色*/
            width: 450px;                 /*设置宽度*/
            height: 180px;                /*设置高度*/
            clear: both;                  /*设置左右两侧无浮动内容*/
            padding-top: 10px;            /*设置顶边距*/
            font-size: 13pt;              /*设置字体大小*/
        }
        .css{
            color: #B71C1C;               /*设置文字颜色*/
            line-height: 22px;            /*设置行高*/
        }
    </style>
    <script type="text/javascript" src="jquery.min.js"></script>
    <script type="text/javascript">
        $(document).ready(function(){
            $("div ul").addClass("css"); //为 div 元素的子元素 ul 添加样式
        });
    </script>
</head>
<body>
<ul>
    <li>春风</li>
    <li>春风先发苑中梅</li>
    <li>樱杏桃梨次第开</li>
    <li>荠花榆荚深村里</li>
    <li>亦道春风为我来</li>
</ul>
<div id="top">
    <ul>
        <li>春风</li>
        <li>春风先发苑中梅</li>
        <li>樱杏桃梨次第开</li>
        <li>荠花榆荚深村里</li>
        <li>亦道春风为我来</li>
    </ul>
</div>
</body>
</html>
```

以上代码的运行结果如图 2-9 所示，其中下面的古诗是通过 jQuery 添加的样式效果，上面的是默认的显示效果。

图 2-9　使用祖先后代选择器示例

 提示　　代码中的 addClass()方法用于为元素添加 CSS 类。

2.3.2　父子选择器(parent>child)

父子选择器中的 parent 代表父元素，child 代表子元素，该选择器用于选择 parent 的直接子节点 child，而且 child 必须包含在 parent 中，并且父类是 parent 元素。

父子选择器的语法格式如下：

```
$("parent>child")
```

参数的含义如下。

(1)　parent：指任何有效的选择器。

(2)　child：用以匹配元素的选择器，是 parent 元素的子元素。

例如，想要获取表单中的所有元素的子元素 input，就可以使用如下 jQuery 代码：

```
$("form>input")
```

实例 10　使用 jQuery 为表单元素添加背景色(案例文件：ch02\2.10.html)

```
<!DOCTYPE html>
<html>
<head>
    <meta charset="UTF-8">
    <title>父子选择器</title>
    <style type="text/css">
        input{
            margin: 5px;                        /*设置 input 元素的外边距为 5 像素*/
        }
        .input{
            font-size: 12pt;                    /*设置文字大小*/
            color: #333333;                     /*设置文字颜色*/
            background-color: #cef;             /*设置背景颜色*/
            border: 1px solid #000000;         /*设置边框*/
```

```
        }
    </style>
    <script type="text/javascript" src="jquery.min.js"></script>
    <script type="text/javascript">
        $(document).ready(function(){
            $("#change").ready(function(){
//为表单元素的直接子元素 input 添加样式
                $("form>input").addClass("input");
            });
        });
    </script>
</head>
<body>
<h1 align=center>用户反馈表单</h1>
<form id="form1" name="form1" method="post" action="">
    会员昵称: <input type="text" name="name" id="name" />
    <br />
    反馈主题: <input type="text" name="test" id="test" />
    <br />
    邮箱地址: <input type="text" name="email" id="email" />
    <br />
    请输入您对网站的建议<br/>
    <textarea name="yourworks" cols ="50" rows = "5"></textarea>
    <br/>
    <input type="submit" name="submit" value="提交"/>
    <input type="reset" name="reset" value="清除" /></p>
</form>
</body>
</html>
```

以上代码的运行结果如图 2-10 所示，可以看到表单中的直接子元素 input 都添加上了背景色。

图 2-10　使用父子选择器示例

2.3.3　相邻元素选择器(prev+next)

相邻元素选择器用于获取所有紧跟在 prev 元素后的 next 元素，prev 和 next 是两个同级别的元素。

相邻元素选择器的语法格式如下:

```
$("prev+next")
```

参数的含义如下。

(1) prev: 指任何有效的选择器。

(2) next: 一个有效的并紧跟着 prev 的选择器。

例如,想要获取 div 标记后的<p>标记,就可以使用如下 jQuery 代码:

```
$("div+p")
```

实例 11 使用 jQuery 制作隔行变色商品快报(案例文件:ch02\2.11.html)

```html
<!DOCTYPE html>
<html>
<head>
    <meta charset="UTF-8">
    <title>相邻元素选择器</title>
    <style type="text/css">
        .background{background: #cef}
        body{font-size: 20px;}
    </style>
    <script type="text/javascript" src="jquery.min.js"></script>
    <script type="text/javascript">
        $(document).ready(function() {
            $("label+p").addClass("background");
        });
    </script>
</head>
<body>
<h1 align="center">商品快报</h1>
<label>品质厨房如何打造? 高颜值厨电"三件套"暖心支招</label>
<p>冲奶粉不做这个动作,奶粉再贵都被浪费</p>
<label>秋季养生正当时,顺季食补滋阴养肺</label>
<p>撼动无线耳机市场,三动铁耳机靓丽呈现</p>
<label>侧着也能投,不受环境束缚的投影设备</label>
<p>各家大牌秋冬新鞋款,简直好看到爆炸! </p>
</body>
</html>
```

以上代码的运行结果如图 2-11 所示,可以看到页面中的商品快报的列表进行了隔行变色。

图 2-11 使用相邻元素选择器示例

2.3.4　兄弟元素选择器(prev~siblings)

兄弟元素选择器用于获取 prev 元素之后的所有 siblings 元素，prev 和 siblings 是两个同辈的元素。兄弟元素选择器的语法格式如下：

```
$("prev~siblings");
```

参数的含义如下。

(1) prev：指任何有效的选择器。

(2) siblings：是有效的且并列跟随 prev 的选择器。

例如，想要获取与 div 标记同辈的 ul 元素，就可以使用如下 jQuery 代码：

```
$("div~ul")
```

实例 12　使用 jQuery 筛选所需的商品快报列表(案例文件：ch02\2.12.html)

```html
<!DOCTYPE html>
<html>
<head>
    <meta charset="UTF-8">
    <title>兄弟元素选择器</title>
    <style type="text/css">
        .background{background: #cef}
        body{font-size: 20px;}
    </style>
    <script type="text/javascript" src="jquery.min.js"></script>
    <script type="text/javascript">
        $(document).ready(function() {
            $("div~p").addClass("background");
        });
    </script>
</head>
<body>
<h1 align="center">商品快报</h1>
<div>
    <p>品质厨房如何打造？高颜值厨电"三件套"暖心支招</p>
    <p>冲奶粉不做这个动作，奶粉再贵都被浪费</p>
    <p>秋季养生正当时，顺季食补滋阴养肺</p>
</div>
<p>撼动无线耳机市场，三动铁耳机靓丽呈现</p>
<p>侧着也能投，不受环境束缚的投影设备</p>
<p>各家大牌秋冬新鞋款，简直好看到爆炸！</p>
</body>
</html>
```

以上代码的运行结果如图 2-12 所示，可以看到页面中与 div 同级别的<p>元素被筛选出来。

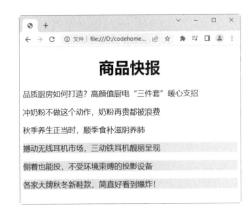

图 2-12 使用兄弟元素选择器示例

2.4 过滤选择器

jQuery 过滤选择器主要包括简单过滤选择器、内容过滤选择器、可见性过滤选择器和表单过滤器。

2.4.1 简单过滤选择器

简单过滤选择器通常以冒号开头,是用于实现简单过滤效果的过滤器,常用的简单过滤选择器包括:first、:last、:even、:odd 等。

1. :first 选择器

:first 选择器用于选取第一个元素,最常见的用法就是与其他元素一起使用,选取指定组合中的第一个元素。

:first 选择器的语法格式如下:

```
$(":first")
```

例如,想要选取 body 中的第一个<p>元素,可以使用如下 jQuery 代码:

```
$("p:first")
```

实例 13 筛选商品快报列表中的第一个信息(案例文件:ch02\2.1.html)

```
<!DOCTYPE html>
<html>
<head>
    <meta charset="UTF-8">
    <title>:first 选择器</title>
    <style type="text/css">
        .background{background: #cef}
        body{font-size: 20px;}
    </style>
<script type="text/javascript" src="jquery.min.js"></script>
<script type="text/javascript">
    $(document).ready(function() {
```

```
            $("p:first").addClass("background");
        });
    </script>
</head>
<body>
<h1 align="center">商品快报</h1>
<p>品质厨房如何打造？高颜值厨电"三件套"暖心支招</p>
<p>冲奶粉不做这个动作，奶粉再贵都被浪费</p>
<p>秋季养生正当时，顺季食补滋阴养肺</p>
<p>撼动无线耳机市场，三动铁耳机靓丽呈现</p>
<p>侧着也能投，不受环境束缚的投影设备</p>
<p>各家大牌秋冬新鞋款，简直好看到爆炸！</p>
</body>
</html>
```

以上代码的运行结果如图 2-13 所示，可以看到，页面中第一个<p>元素被筛选出来。

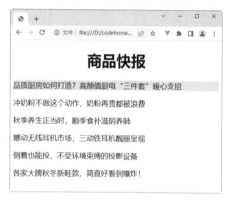

图 2-13　使用:first 选择器示例

2. :last 选择器

:last 选择器用于选取最后一个元素，最常见的用法就是与其他元素一起使用，选取指定组合中的最后一个元素。

:last 选择器的语法格式如下：

```
$(":last")
```

例如，想要选取 body 中的最后一个<p>元素，就可以使用如下 jQuery 代码：

```
$("p:last")
```

实例 14　筛选商品快报列表中的最后一个<p>元素信息(案例文件：ch02\2.14.html)

```
<!DOCTYPE html>
<html>
<head>
    <meta charset="UTF-8">
    <title>:last 选择器</title>
    <style type="text/css">
        .background{background: #cef}
        body{font-size: 20px;}
    </style>
```

```
    <script type="text/javascript" src="jquery.min.js"></script>
    <script type="text/javascript">
        $(document).ready(function() {
            $("p:last").addClass("background");
        });
    </script>
</head>
<body>
<h1 align="center">商品快报</h1>
<p>品质厨房如何打造？高颜值厨电"三件套"暖心支招</p>
<p>冲奶粉不做这个动作，奶粉再贵都被浪费</p>
<p>秋季养生正当时，顺季食补滋阴养肺</p>
<p>撼动无线耳机市场，三动铁耳机靓丽呈现</p>
<p>侧着也能投，不受环境束缚的投影设备</p>
<p>各家大牌秋冬新鞋款，简直好看到爆炸！</p>
</body>
</html>
```

以上代码的运行结果如图 2-14 所示，可以看到页面中最后一个<p>元素被筛选出来。

图 2-14　使用:last 选择器示例

3. :even

:even 选择器用于选取带有偶数 index 值的元素(比如 2、4、6)。index 值从 0 开始，所以第一个元素是偶数(0)。最常见的用法是与其他元素/选择器一起使用，来选择指定的组中偶数序号的元素。

:even 选择器的语法格式如下：

```
$(":even")
```

例如，想要选取表格中的所有偶数元素，就可以使用如下 jQuery 代码：

```
$("tr:even")
```

实例 15　使用 jQuery 制作隔行(偶数行)变色的表格(案例文件：ch02\2.15.html)

```
<!DOCTYPE html>
<html>
<head>
    <meta charset="UTF-8">
    <title>制作偶数行变色的销售表</title>
```

```html
<script language="javascript" src="jquery.min.js"></script>
<script type="text/javascript">
    $(document).ready(function(){
        $("tr:even").css("background-color", "#B2E0FF");
    });
</script>
<style>
    *{
        padding: 0px;
        margin: 0px;
    }
    body{
        font-family: "黑体";
        font-size: 20px;
    }
    table{
        text-align: center;
        width: 500px;
        border: 1px solid green;
    }
    td{
        border: 1px solid green;
        height: 30px;
    }
    h2{
        text-align: center;
    }
</style>
</head>
<body>
<h2>商品销售表</h2>
<table>
    <tr>
        <th>编号</th>
        <th>名称</th>
        <th>价格</th>
        <th>产地</th>
        <th>销量</th>
    </tr>
    <tr>
        <td>10001</td>
        <td>洗衣机</td>
        <td>5900 元</td>
        <td>北京</td>
        <td>1600 台</td>
    </tr>
    <tr>
        <td>10002</td>
        <td>冰箱</td>
        <td>6800 元</td>
        <td>上海</td>
        <td>1900 台</td>
    </tr>
    <tr>
        <td>10003</td>
```

```
            <td>空调</td>
            <td>8900 元</td>
            <td>北京</td>
            <td>3600 台</td>
        </tr>
        <tr>
            <td>10004</td>
            <td>电视机</td>
            <td>2900 元</td>
            <td>北京</td>
            <td>8800 台</td>
        </tr>
    </table>
</body>
</html>
```

以上代码的运行结果如图 2-15 所示，可以看到表格中的偶数行已经改变颜色。

图 2-15　使用:even 选择器示例

4. :odd

:odd 选择器用于选取带有奇数 index 值的元素(比如 1、3、5)。最常见的用法是与其他元素/选择器一起使用，来选择指定的组中奇数序号的元素。

:odd 选择器的语法格式如下：

```
$(":odd")
```

例如，想要选取表格中的所有奇数元素，就可以使用如下 jQuery 代码：

```
$("tr:odd")
```

实例 16　使用 jQuery 制作隔行(奇数行)变色的表格(案例文件：ch02\2.16.html)

```
<!DOCTYPE html>
<html>
<head>
    <meta charset="UTF-8">
    <title>制作奇数行变色的销售表</title>
    <script language="javascript" src="jquery.min.js"></script>
    <script type="text/javascript">
        $(document).ready(function(){
            $("tr:odd").css("background-color","#B2E0FF");
        });
    </script>
    <style>
```

```
*{
    padding: 0px;
    margin: 0px;
}
body{
    font-family: "黑体";
    font-size: 20px;
}
table{
    text-align: center;
    width: 500px;
    border: 1px solid green;
}
td{
    border: 1px solid green;
    height: 30px;
}
h2{
    text-align: center;
}
</style>
</head>
<body>
<h2>商品销售表</h2>
<table>
    <tr>
        <th>编号</th>
        <th>名称</th>
        <th>价格</th>
        <th>产地</th>
        <th>销量</th>
    </tr>
    <tr>
        <td>10001</td>
        <td>洗衣机</td>
        <td>5900 元</td>
        <td>北京</td>
        <td>1600 台</td>
    </tr>
    <tr>
        <td>10002</td>
        <td>冰箱</td>
        <td>6800 元</td>
        <td>上海</td>
        <td>1900 台</td>
    </tr>
    <tr>
        <td>10003</td>
        <td>空调</td>
        <td>8900 元</td>
        <td>北京</td>
        <td>3600 台</td>
    </tr>
    <tr>
```

```
        <td>10004</td>
        <td>电视机</td>
        <td>2900 元</td>
        <td>北京</td>
        <td>8800 台</td>
    </tr>
</table>
</body>
</html>
```

以上代码的运行结果如图 2-16 所示，可以看到表格中的奇数行已经改变颜色。

图 2-16　使用:odd 选择器示例

2.4.2　内容过滤选择器

内容过滤选择器是通过 DOM 元素包含的文本内容以及是否含有匹配的元素来获取内容的，常见的内容过滤器有:contains(text)、:empty、:parent、:has(selector)等。

1. :contains(text)

:contains 选择器选取包含指定字符串的元素，该字符串可以是直接包含在元素中的文本，或者被包含于子元素中。该选择器经常与其他元素或选择器一起使用，来选择指定的组中包含指定文本的元素。

:contains(text)选择器的语法格式如下：

```
$(":contains(text)")
```

例如，想要选取所有包含"is"的<p>元素，就可以使用如下 jQuery 代码：

```
$("p:contains(is)")
```

实例 17　选择表格中包含数字"9"的单元格(案例文件：ch02\2.17.html)

```
<!DOCTYPE html>
<html>
<head>
    <meta charset="UTF-8">
    <title>选择表格中包含数字"9"的单元格</title>
    <script language="javascript" src="jquery.min.js"></script>
    <script type="text/javascript">
        $(document).ready(function(){
            $("td:contains(9)").css("background-color","#B2E0FF");
        });
```

```
    </script>
    <style>
        *{
            padding: 0px;
            margin: 0px;
        }
        body{
            font-family: "黑体";
            font-size: 20px;
        }
        table{
            text-align: center;
            width: 500px;
            border: 1px solid green;
        }
        td{
            border: 1px solid green;
            height: 30px;
        }
        h2{
            text-align: center;
        }
    </style>
</head>
<body>
<h2>商品销售表</h2>
<table>
    <tr>
        <th>编号</th>
        <th>名称</th>
        <th>价格</th>
        <th>产地</th>
        <th>销量</th>
    </tr>
    <tr>
        <td>10001</td>
        <td>洗衣机</td>
        <td>5900 元</td>
        <td>北京</td>
        <td>1600 台</td>
    </tr>
    <tr>
        <td>10002</td>
        <td>冰箱</td>
        <td>6800 元</td>
        <td>上海</td>
        <td>1900 台</td>
    </tr>
    <tr>
        <td>10003</td>
        <td>空调</td>
        <td>8900 元</td>
        <td>北京</td>
        <td>3600 台</td>
```

```
    </tr>
    <tr>
        <td>10004</td>
        <td>电视机</td>
        <td>2900 元</td>
        <td>北京</td>
        <td>8800 台</td>
    </tr>
</table>
</body>
</html>
```

以上代码的运行结果如图 2-17 所示，可以看到表格中包含数字"9"的单元格被选取出来。

图 2-17   使用:contains 选择器示例

2. :empty

:empty 选择器用于选取所有不包含子元素或者文本的空元素。:empty 选择器的语法格式如下：

```
$(":empty")
```

例如，想要选取表格中的所有空元素，就可以使用如下 jQuery 代码：

```
$("td:empty")
```

实例 18   选择表格中无内容的单元格(案例文件：ch02\2.18.html)

```
<!DOCTYPE html>
<html>
<head>
    <meta charset="UTF-8">
    <title>选择表格中无内容的单元格</title>
    <script language="javascript" src="jquery.min.js"></script>
    <script type="text/javascript">
        $(document).ready(function(){
            $("td:empty").css("background-color","#B2E0FF");
        });
    </script>
    <style>
        *{
            padding: 0px;
            margin: 0px;
        }
```

```
        body{
            font-family: "黑体";
            font-size: 20px;
        }
        table{
            text-align: center;
            width: 500px;
            border: 1px solid green;
        }
        td{
            border: 1px solid green;
            height: 30px;
        }
        h2{
            text-align: center;
        }
    </style>
</head>
<body>
<h2>商品销售表</h2>
<table>
    <tr>
        <th>编号</th>
        <th>名称</th>
        <th>价格</th>
        <th>产地</th>
        <th>销量</th>
    </tr>
    <tr>
        <td>10001</td>
        <td>洗衣机</td>
        <td></td>
        <td>北京</td>
        <td></td>
    </tr>
    <tr>
        <td>10002</td>
        <td>冰箱</td>
        <td>6800 元</td>
        <td>上海</td>
        <td></td>
    </tr>
    <tr>
        <td>10003</td>
        <td>空调</td>
        <td></td>
        <td>北京</td>
        <td></td>
    </tr>
    <tr>
        <td>10004</td>
        <td>电视机</td>
        <td></td>
        <td></td>
```

```
        <td>8800 台</td>
    </tr>
</table>
</body>
</html>
```

以上代码的运行结果如图 2-18 所示，可以看到表格中无内容的单元格被选取出来。

图 2-18　使用:empty 选择器示例

3. :parent

:parent 选择器用于选取包含子元素或文本的元素，:parent 选择器的语法格式如下：

```
$(":parent")
```

例如，想要选取表格中的所有包含内容的子元素，就可以使用如下 jQuery 代码：

```
$("td:parent")
```

实例 19　选择表格中包含内容的单元格(案例文件：ch02\2.19.html)

```
<!DOCTYPE html>
<html>
<head>
    <meta charset="UTF-8">
    <title>选择表格中包含内容的单元格</title>
    <script language="javascript" src="jquery.min.js"></script>
    <script type="text/javascript">
        $(document).ready(function(){
            $("td:parent").css("background-color","#B2E0FF");
        });
    </script>
    <style>
        *{
            padding: 0px;
            margin: 0px;
        }
        body{
            font-family: "黑体";
            font-size: 20px;
        }
        table{
            text-align: center;
            width: 500px;
            border: 1px solid green;
        }
```

```
        td{
            border: 1px solid green;
            height: 30px;
        }
        h2{
            text-align: center;
        }
    </style>
</head>
<body>
<h2>商品销售表</h2>
<table>
    <tr>
        <th>编号</th>
        <th>名称</th>
        <th>价格</th>
        <th>产地</th>
        <th>销量</th>
    </tr>
    <tr>
        <td>10001</td>
        <td>洗衣机</td>
        <td></td>
        <td>北京</td>
        <td></td>
    </tr>
    <tr>
        <td>10002</td>
        <td>冰箱</td>
        <td>6800 元</td>
        <td>上海</td>
        <td></td>
    </tr>
    <tr>
        <td>10003</td>
        <td>空调</td>
        <td></td>
        <td>北京</td>
        <td></td>
    </tr>
    <tr>
        <td>10004</td>
        <td>电视机</td>
        <td></td>
        <td></td>
        <td>8800 台</td>
    </tr>
</table>
</body>
</html>
```

以上代码的运行结果如图 2-19 所示，可以看到表格中包含内容的单元格被选取出来。

图 2-19 使用:parent 选择器示例

2.4.3 可见性过滤器

元素的可见状态有隐藏和显示两种。可见性过滤器是利用元素的可见状态匹配元素的，因此，可见性过滤器也有两种，分别是用于隐藏元素的:hidden 选择器和用于显示元素的:visible 选择器。

:hidden 选择器的语法格式如下：

```
$(":hidden")
```

例如，想要获取页面中所有隐藏的<p>元素，可以使用如下 jQuery 代码：

```
$("p:hidden")
```

:visible 选择器的语法格式如下：

```
$(":visible")
```

例如：想要获取页面中所有可见表格元素，可以使用如下 jQuery 代码：

```
$("table:visible")
```

实例 20 获取页面中所有隐藏的元素(案例文件：ch02\2.20.html)

```
<!DOCTYPE html>
<html>
<head>
    <meta charset="UTF-8">
    <title>显示隐藏元素</title>
    <style>
        div {
            width: 70px;
            height: 40px;
            background: #e7f;
            margin: 5px;
            float: left;
        }
        span {
            display: block;
            clear: left;
            color: black;
        }
        .starthidden {
            display: none;
        }
```

```
      </style>
      <script type="text/javascript" src="jquery.min.js"></script>
</head>
<body>
<span></span>
<div></div>
<div style="display:none;">Hider!</div>
<div></div>
<div class="starthidden">Hider!</div>
<div></div>
<form>
      <input type="hidden">
      <input type="hidden">
      <input type="hidden">
</form>
<span></span>
<script>
      var hiddenElements = $("body").find(":hidden").not("script");
      $("span:first").text("发现" + hiddenElements.length + "个隐藏元素");
      $("div:hidden").show(3000);
      $("span:last").text("发现" + $("input:hidden").length + "个隐藏 input 元素");
</script>
</body>
</html>
```

以上代码的运行结果如图 2-20 所示，可以看到网页中所有隐藏的元素都被显示出来。

图 2-20 使用:hidden 选择器示例

实例 21   选择表格中的所有可见表格元素(案例文件：ch02\2.21.html)

```
<!DOCTYPE html>
<html>
<head>
    <meta charset="UTF-8">
    <title>选择表格中的所有可见表格元素</title>
    <script language="javascript" src="jquery.min.js"></script>
    <script type="text/javascript">
        $(document).ready(function(){
            $("table:visible").css("background-color","#B2E0FF");
        });
    </script>
    <style>
        *{
            padding: 0px;
            margin: 0px;
        }
        body{
            font-family: "黑体";
```

```
            font-size: 20px;
        }
        table{
            text-align: center;
            width: 500px;
            border: 1px solid green;
        }
        td{
            border: 1px solid green;
            height: 30px;
        }
        h2{
            text-align: center;
        }
    </style>
</head>
<body>
<h2>商品销售表</h2>
<table>
    <tr>
        <th>编号</th>
        <th>名称</th>
        <th>价格</th>
        <th>产地</th>
        <th>销量</th>
    </tr>
    <tr>
        <td>10001</td>
        <td>洗衣机</td>
        <td>5900 元</td>
        <td>北京</td>
        <td>1600 台</td>
    </tr>
    <tr>
        <td>10002</td>
        <td>冰箱</td>
        <td>6800 元</td>
        <td>上海</td>
        <td>1900 台</td>
    </tr>
    <tr>
        <td>10003</td>
        <td>空调</td>
        <td>8900 元</td>
        <td>北京</td>
        <td>3600 台</td>
    </tr>
    <tr>
        <td>10004</td>
        <td>电视机</td>
        <td>2900 元</td>
        <td>北京</td>
        <td>8800 台</td>
    </tr>
```

```
</table>
</body>
</html>
```

以上代码的运行结果如图 2-21 所示，可以看到，表格中所有可见元素都被选取出来。

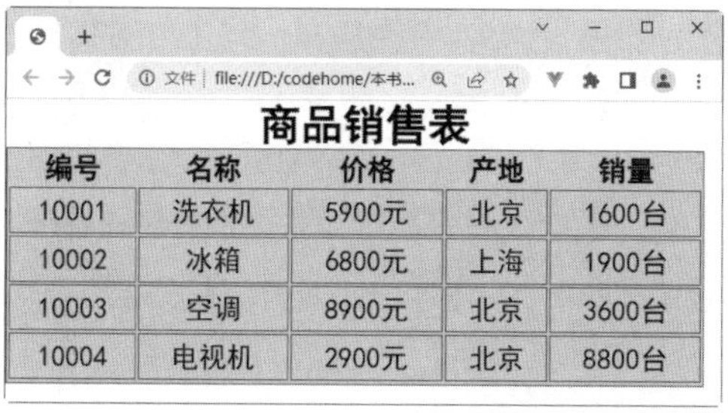

图 2-21　使用:visible 选择器示例

2.4.4　表单过滤器

表单过滤器是通过表单元素的状态属性来选取元素的，表单元素的状态属性包括选中、不可用等，表单过滤器有 4 种，分别是:enabled、:disabled、:checked 和:selected。

1. :enabled

获取所有可用的元素，:enabled 选择器的语法格式如下：

```
$(":enabled")
```

例如，想要获取所有 input 中的可用元素，就可以使用如下 jQuery 代码：

```
$("input:enabled")
```

2. :disabled

获取所有不可用的元素，:disabled 选择器的语法格式如下：

```
$(":disabled")
```

例如，想要获取所有 input 中的不可用元素，就可以使用如下 jQuery 代码：

```
$("input: disabled")
```

3. :checked

获取所有被选中元素(复选框、单选按钮等，不包括 select 中的 option)，:checked 选择器的语法格式如下：

```
$(":checked")
```

例如，想要查找所有选中的复选框元素，就可以使用如下 jQuery 代码：

```
$("input:checked")
```

4. :selected

获取所有选中的 option 元素，:selected 选择器语法格式如下：

```
$(":selected")
```

例如，想要查找所有选中的选项元素，就可以使用如下 jQuery 代码：

```
$("select option:selected")
```

实例 22 利用表单过滤器匹配表单中相应的元素(案例文件：ch02\2.22.html)

```
<!DOCTYPE html>
<html>
<head>
    <meta charset="UTF-8">
    <title>利用表单过滤器匹配表单中相应的元素</title>
    <script language="javascript" src="jquery.min.js"></script>
    <script type="text/javascript">
        $(document).ready(function() {
            //设置选中的复选框的背景色
            $("input:checked").css("background-color","red");
            $("input:disabled").val("不可用按钮");        //为灰色不可用按钮赋值
        });
        function selectVal(){                             //下拉列表框变化时执行的方法
            alert($("select option:selected").val());    //显示选中的值
        }
    </script>
</head>
<body>
<form>
    复选框 1：<input type="checkbox" checked="checked" value="复选框 1"/>
    复选框 2：<input type="checkbox" checked="checked" value="复选框 2"/>
    复选框 3：<input type="checkbox" value="复选框 3"/><br />
    不可用按钮：<input type="button" value="不可用按钮" disabled><br />
    下拉列表框：
    <select onchange="selectVal()">
        <option value="列表项 1">列表项 1</option>
        <option value="列表项 2">列表项 2</option>
        <option value="列表项 3">列表项 3</option>
    </select>
</form>
</body>
</html>
```

以上代码的运行结果如图 2-22 所示，当在下拉列表框中选择"列表 2"选项时，弹出提示信息框。

图 2-22　利用表单过滤器匹配表单中相应的元素

2.5　表单选择器

表单选择器用于选取经常在表单中出现的元素，不过，选取的元素并不一定在表单之中，jQuery 提供的表单选择器主要有以下几种。

2.5.1　:input

:input 选择器用于选取表单元素，该选择器的语法格式如下：

```
$(":input")
```

实例 23　**为页面中所有的表单元素添加背景色(案例文件：ch02\2.23.html)**

```html
<!DOCTYPE html>
<html>
<head>
    <meta charset="UTF-8">
    <title>为页面中所有的表单元素添加背景色</title>
    <script language="javascript" src="jquery.min.js"></script>
    <script type="text/javascript">
        $(document).ready(function(){
            $(":input").css("background-color","#B2E0FF");
        });
    </script>
</head>
<body>
<h1>注册网站高级会员</h1>
<form id="form1" name="form1" method="post" action="">
    会员昵称: <input type="text" name="name" id="name" />
    <br />
    登录密码: <input type="password" name="password" id="password" />
    <br />
    确认密码: <input type="password" name="password" id="password" />
    <br />
    个人邮箱: <input type="text" name="email" id="email" />
    <br />
    <input type=submit value="同意协议并注册" class=button>
    <br />
    <input type="reset" value="重置" />
    <input type="submit" value="提交" />
</form>
</body>
</html>
```

以上代码的运行结果如图 2-23 所示，可以看到网页中的表单元素都被添加上了背景色，而且从代码中可以看出该选择器也适用于<button>元素。

图 2-23　使用:input 选择器示例

2.5.2　:text

:text 选择器选取类型为 text 的所有<input>元素。该选择器的语法格式如下：

```
$(":text")
```

实例 24　为页面中类型为 text 的<input>元素添加背景色(案例文件：ch02\2.24.html)

```
<!DOCTYPE html>
<html>
<head>
    <meta charset="UTF-8">
    <title>为页面中类型为 text 的元素添加背景色</title>
    <script language="javascript" src="jquery.min.js"></script>
    <script type="text/javascript">
        $(document).ready(function(){
            $(":text").css("background-color","#B2E0FF");
        });
    </script>
</head>
<body>
<h1>注册网站高级会员</h1>
<form id="form1" name="form1" method="post" action="">
    会员昵称: <input type="text" name="name" id="name" />
    <br/>
    登录密码: <input type="password" name="password" id="password" />
    <br/>
    确认密码: <input type="password" name="password" id="password" />
    <br/>
    个人邮箱: <input type="text" name="email" id="email" />
    <br/>
    <input type=submit value="同意协议并注册" class=button>
    <br/>
    <input type="reset" value="重置" />
    <input type="submit" value="提交" />
</form>
</body>
</html>
```

以上代码的运行结果如图 2-24 所示，可以看到网页中表单类型为 text 的元素被添加上了背景色。

图 2-24　使用:text 选择器示例

2.5.3　:password

:password 选择器选取类型为 password 的所有<input>元素。该选择器的语法格式
如下：

```
$(":password")
```

实例 25　为页面中类型为 password 的元素添加背景色(案例文件：ch02\2.25.html)

```
<!DOCTYPE html>
<html>
<head>
    <meta charset="UTF-8">
    <title>为页面中类型为password的元素添加背景色</title>
    <script language="javascript" src="jquery.min.js"></script>
    <script type="text/javascript">
        $(document).ready(function(){
            $(":password").css("background-color","#B2E0FF");
        });
    </script>
</head>
<body>
<h1>注册网站高级会员</h1>
<form id="form1" name="form1" method="post" action="">
    会员昵称: <input type="text" name="name" id="name" />
    <br />
    登录密码: <input type="password" name="password" id="password" />
    <br />
    确认密码: <input type="password" name="password" id="password" />
    <br />
    个人邮箱: <input type="text" name="email" id="email" />
    <br />
    <input type=submit value="同意协议并注册" class=button>
    <br />
    <input type="reset" value="重置" />
    <input type="submit" value="提交" />
</form>
</body>
</html>
```

以上代码的运行结果如图 2-25 所示，可以看到，网页中表单类型为 password 的元素已经被添加上了背景色。

图 2-25　使用:password 选择器示例

2.5.4　:radio

:radio 选择器选取类型为 radio 的<input>元素。该选择器的语法格式如下：

```
$(":radio")
```

实例 26　隐藏页面中的单选按钮(案例文件：ch02\2.26.html)

```html
<!DOCTYPE html>
<html>
<head>
    <meta charset="UTF-8">
    <title>隐藏页面中的单选按钮</title>
    <script language="javascript" src="jquery.min.js"></script>
    <script type="text/javascript">
        $(document).ready(function(){
            $(".btn1").click(function(){
                $(":radio").hide();
            });
        });
    </script>
</head>
<body>
<form >
    请选择您感兴趣的热门课程:
    <br />
    <input type="radio" name="course" value = "Course1">网站开发训练营<br />
    <input type="radio" name="course" value = "Course2">人工智能训练营<br />
    <input type="radio" name="course" value = "Course3">网络安全训练营<br />
    <input type="radio" name="course" value = "Course4">Java 开发训练营<br />
    <input type="radio" name="course" value = "Course5">PHP 网站开发训练营<br />
</form>
<button class="btn1">隐藏单选按钮</button>
</body>
</html>
```

以上代码的运行结果如图 2-26 所示，可以看到网页中的单选按钮，然后单击"隐藏单选按钮"按钮，就可以隐藏页面中的单选按钮，如图 2-27 所示。

图 2-26　初始运行结果

图 2-27　通过:radio 选择器隐藏单选按钮

2.5.5　:checkbox

:checkbox 选择器选取类型为 checkbox 的<input>元素。该选择器的语法格式如下：

```
$(":checkbox")
```

实例 27　隐藏页面中的复选框(案例文件：ch02\2.27.html)

```html
<!DOCTYPE html>
<html>
<head>
    <meta charset="UTF-8">
    <title>选择感兴趣的图书</title>
    <script type="text/javascript" src="jquery.min.js"></script>
    <script type="text/javascript">
        $(document).ready(function(){
            $(".btn1").click(function(){
                $(":checkbox").hide();
            });
        });
    </script>
</head>
<body>
<form>
    请选择您感兴趣的图书类型：
    <br />
    <input type="checkbox" name="course" value = "Course1">网站开发训练营<br />
    <input type="checkbox" name="course" value = "Course2">人工智能训练营<br />
    <input type="checkbox" name="course" value = "Course3">网络安全训练营<br />
    <input type="checkbox" name="course" value = "Course4">Java 开发训练营<br />
    <input type="checkbox" name="course" value = "Course5">PHP 网站开发训练营<br />
</form>
<button class="btn1">隐藏复选框</button>
</body>
</html>
```

以上代码的运行结果如图 2-28 所示，可以看到网页中的复选框，然后单击"隐藏复选框"按钮，就可以隐藏页面中的复选框，如图 2-29 所示。

图 2-28　初始运行效果　　　　图 2-29　通过:checkbox 选择器隐藏复选框

2.5.6　:submit

:submit 选择器选取类型为 submit 的\<button\>和\<input\>元素。如果\<button\>元素没有定义类型，大多数浏览器会把该元素当作类型为 submit 的按钮。该选择器的语法格式如下：

```
$(":submit")
```

实例 28　为类型为 submit 的\<input\>和\<button\>元素添加背景色(案例文件：ch02\2.28.html)

```html
<!DOCTYPE html>
<html>
<head>
    <meta charset="UTF-8">
    <title>为类型为 submit 的元素添加背景色</title>
    <script type="text/javascript" src="jquery.min.js"></script>
    <script type="text/javascript">
        $(document).ready(function(){
            $(":submit").css("background-color","#B2E0FF");
        });
    </script>
</head>
<body>
<form action="">
    姓名: <input type="text" name="姓名" />
    <br />
    密码: <input type="password" name="密码" />
    <br />
    <button type="submit">按钮 1</button>
    <input type="button" value="按钮 2" />
    <br />
    <input type="reset" value="重置" />
    <input type="submit" value="提交" />
    <br />
</form>
</body>
</html>
```

以上代码的运行结果如图 2-30 所示，可以看到网页中表单类型为 submit 的元素都被添加上背景色。

图 2-30　使用:submit 选择器示例

2.5.7　:reset

:reset 选择器选取类型为 reset 的<button>和<input>元素。该选择器的语法格式如下：

```
$(":reset")
```

实例 29　为类型为 reset 的<input>和<button>元素添加背景色(案例文件：ch02\2.29.html)

```
<!DOCTYPE html>
<html>
<head>
    <meta charset="UTF-8">
    <title>为类型为 reset 的元素添加背景色</title>
    <script language="javascript" src="jquery.min.js"></script>
    <script type="text/javascript">
        $(document).ready(function(){
            $(":reset").css("background-color","#B2E0FF");
        });
    </script>
</head>
<body>
<form action="">
    姓名: <input type="text" name="姓名" />
    <br />
    密码: <input type="password" name="密码" />
    <br />
    <button type="reset">按钮 1</button>
    <input type="button" value="按钮 2" />
    <br />
    <input type="reset" value="重置" />
    <input type="submit" value="提交" />
    <br />
</form>
</body>
</html>
```

以上代码的运行结果如图 2-31 所示，可以看到网页中表单类型为 reset 的元素都被添加上了背景色。

图 2-31　使用:reset 选择器示例

2.5.8 :button

:button 选择器用于选取类型为 button 的<button>元素和<input>元素。该选择器的语法格式如下：

```
$(":button")
```

实例 30　为类型为 button 的<input>和<button>元素添加背景色(案例文件：ch02\2.30.html)

```
<!DOCTYPE html>
<html>
<head>
    <meta charset="UTF-8">
    <title>为类型为 button 的元素添加背景色</title>
    <script language="javascript" src="jquery.min.js"></script>
    <script type="text/javascript">
        $(document).ready(function(){
            $(":button").css("background-color","#B2E0FF");
        });
    </script>
</head>
<body>
<form action="">
    姓名: <input type="text" name="姓名" />
    <br />
    密码: <input type="password" name="密码" />
    <br />
    <button type="button">按钮 1</button>
    <input type="button" value="按钮 2" />
    <br />
    <input type="reset" value="重置" />
    <input type="submit" value="提交" />
    <br />
</form>
</body>
</html>
```

以上代码的运行结果如图 2-32 所示，可以看到，表单类型为 button 的元素被添加上了背景色。

图 2-32　使用:button 选择器示例

2.5.9 :image

:image 选择器选取类型为 image 的<input>元素。该选择器的语法格式如下：

```
$(":image")
```

实例 31　使用 jQuery 为图像域添加图片(案例文件：ch02\2.31.html)

```html
<!DOCTYPE html>
<html>
<head>
    <meta charset="UTF-8">
    <title>使用 jQuery 为图像域添加图片</title>
    <script type="text/javascript" src="jquery.min.js"></script>
    <script type="text/javascript">
        $(document).ready(function(){
            $(":image").attr("src","1.jpg");
        });
    </script>
</head>
<body>
<form action="">
    姓名: <input type="text" name="姓名" />
    <br />
    密码: <input type="password" name="密码" />
    <br />
    <button type="button">按钮 1</button>
    <input type="button" value="按钮 2" />
    <br />
    <input type="reset" value="重置" />
    <input type="submit" value="提交" />
    <br />
    <input type="image" />
</form>
</body>
</html>
```

以上代码的运行结果如图 2-33 所示，可以看到网页中的图像域中添加了图片。

图 2-33　使用:image 选择器示例

2.5.10　:file

:file 选择器选取类型为 file 的<input>元素。该选择器的语法格式如下：

```
$(":file")
```

实例 32　为类型为 file 的所有<input>元素添加背景色(案例文件：ch02\2.32.html)

```html
<!DOCTYPE html>
<html>
<head>
    <meta charset="UTF-8">
```

```
    <title>为类型为 file 的元素添加背景色</title>
    <script language="javascript" src="jquery.min.js"></script>
    <script type="text/javascript">
        $(document).ready(function(){
            $(":file").css("background-color","#B2E0FF");
        });
    </script>
</head>
<body>
<form action="">
    姓名：<input type="text" name="姓名" />
    <br />
    密码：<input type="password" name="密码" />
    <br />
    <button type="button">按钮 1</button>
    <input type="button" value="按钮 2" />
    <br />
    <input type="reset" value="重置" />
    <input type="submit" value="提交" />
    <br />
    文件域：<input type="file">
</form>
</body>
</html>
```

以上代码的运行结果如图 2-34 所示，可以看到网页中表单类型为 file 的元素被添加上背景色。

图 2-34 使用:file 选择器示例

2.6 属性选择器

属性选择器是以元素的属性作为过滤条件来筛选对象的选择器，常见的属性选择器主要有以下几种。

2.6.1 [attribute]

[attribute]用于选择带有指定属性的元素，而且对于指定的属性没有限制。[attribute]选择器的语法格式如下：

```
$("[attribute]")
```

例如，想要选择页面中带有 id 属性的所有元素，就可以使用如下 jQuery 代码：

```
$("[id]")
```

实例 33　为有 id 属性的元素添加背景色(案例文件：ch02\2.33.html)

```
<!DOCTYPE html>
<html>
<head>
    <meta charset="UTF-8">
    <title>为有 id 属性的元素添加背景色</title>
    <script language="javascript" src="jquery.min.js"></script>
    <script type="text/javascript">
        $(document).ready(function(){
            $("[id]").css("background-color","#B2E0FF");
        });
    </script>
</head>
<body>
<h1>老码识途课堂</h1>
<p class="intro">公众号介绍</p>
<p>名称：老码识途课堂</p>
<p>发表文章的范围：网站开发、人工智能和网络安全</p>
<div id="choose">
    课程分类：
    <ul>
        <li>网站开发训练营</li>
        <li>网络安全训练营</li>
        <li>人工智能训练营</li>
    </ul>
</div>
</body>
</html>
```

以上代码的运行结果如图 2-35 所示，可以看到网页中带有 id 属性的所有元素被添加上了背景色。

图 2-35　使用[attribute]选择器示例

2.6.2　[attribute=value]

[attribute=value]选择器选取带有指定属性和值的元素。[attribute=value]选择器的语法格式如下：

```
$("[attribute=value]")
```

参数含义说明如下。

(1) attribute：必需，规定要查找的属性。

(2) value：必需，规定要查找的值。

例如，想要选择页面中每个 id="choose" 的元素，就可以使用如下 jQuery 代码：

```
$("[id=choose]")
```

实例 34 为 id="choose" 属性的元素添加背景色(案例文件：ch02\2.34.html)

```
<!DOCTYPE html>
<html>
<head>
    <meta charset="UTF-8">
    <title>为 id="choose" 属性的元素添加背景色</title>
    <script language="javascript" src="jquery.min.js"></script>
    <script type="text/javascript">
        $(document).ready(function(){
            $("[id=choose]").css("background-color","#B2E0FF");
        });
    </script>
</head>
<body>
<h1>老码识途课堂</h1>
<p class="intro">公众号介绍</p>
<p>名称：老码识途课堂</p>
<p>发表文章的范围：网站开发、人工智能和网络安全</p>
<div id="choose">
    课程分类：
    <ul>
        <li>网站开发训练营</li>
        <li>网络安全训练营</li>
        <li>人工智能训练营</li>
    </ul>
</div>
<div id="books">
    教程分类：
    <ul>
        <li>网站开发教材</li>
        <li>网络安全教材</li>
        <li>人工智能教材</li>
    </ul>
</div>
</body>
</html>
```

以上代码的运行结果如图 2-36 所示，可以看到网页中带有 id="choose" 属性的所有元素被添加上了背景色。

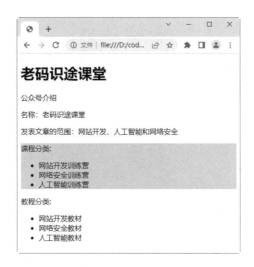

图 2-36　使用[attribute=value]选择器示例

2.6.3　[attribute!=value]

[attribute!=value]选择器选取不带有指定属性及值的元素。不过，带有指定的属性，但不带有指定的值的元素，也会被选择。

[attribute!=value]选择器的语法格式如下：

```
$("[attribute!=value]")
```

参数含义说明如下。

(1) attribute：必需，规定要查找的属性。

(2) value：必需，规定要查找的值。

例如，想要选择<body>标记中不包含 id="names"的元素，就可以使用如下 jQuery 代码：

```
$("body[id!=names]")
```

实例 35　为不包含 id="names"属性的元素添加背景色(案例文件：ch02\2.35.html)

```html
<!DOCTYPE html>
<html>
<head>
    <meta charset="UTF-8">
    <title>为不包含 id="names"属性的元素添加背景色</title>
    <script language="javascript" src="jquery.min.js"></script>
    <script type="text/javascript">
        $(document).ready(function(){
            $("body [id!=names]").css("background-color","#B2E0FF");
        });
    </script>
</head>
<body>
<h1 id="names">老码识途课堂</h1>
<p>公众号介绍</p>
<p>名称：老码识途课堂</p>
<p>发表文章的范围：网站开发、人工智能和网络安全</p>
```

```
<div id="choose">
    课程分类:
    <ul>
        <li>网站开发训练营</li>
        <li>网络安全训练营</li>
        <li>人工智能训练营</li>
    </ul>
</div>
<div id="books">
    教程分类:
    <ul>
        <li>网站开发教材</li>
        <li>网络安全教材</li>
        <li>人工智能教材</li>
    </ul>
</div>
</body>
</html>
```

以上代码的运行结果如图 2-37 所示,可以看到网页中不包含 id="names"属性的所有元素被添加上了背景色。

图 2-37　使用[attribute!=value]选择器示例

2.6.4　[attribute$=value]

[attribute$=value]选择器选取带有指定属性且属性值以指定字符串结尾的元素。

[attribute$=value]选择器的语法格式如下:

```
$("[attribute$=value]")
```

参数含义说明如下。

(1) attribute:必需,规定要查找的属性。

(2) value:必需,规定要查找的值。

例如,选择所有带 id 属性且属性值以"name"结尾的元素,可使用如下 jQuery 代码:

```
$("[id$=name]")
```

实例 36 为带有 id 属性且属性值以"name"结尾的元素添加背景色(案例文件：ch02\2.36.html)

```html
<!DOCTYPE html>
<html>
<head>
    <meta charset="UTF-8">
    <title>为带有 id 属性且属性值以"name"结尾的元素添加背景色</title>
    <script language="javascript" src="jquery.min.js"></script>
    <script type="text/javascript">
        $(document).ready(function(){
            $("[id$=name]").css("background-color","#B2E0FF");
        });
    </script>
</head>
<body>
<h1 id="name">老码识途课堂</h1>
<p id="sname">公众号介绍</p>
<p id="qname">名称：老码识途课堂</p>
<p>发表文章的范围：网站开发、人工智能和网络安全</p>
<div id="choose">
    课程分类：
    <ul>
        <li>网站开发训练营</li>
        <li>网络安全训练营</li>
        <li>人工智能训练营</li>
    </ul>
</div>
<div id="books">
    教程分类：
    <ul>
        <li>网站开发教材</li>
        <li>网络安全教材</li>
        <li>人工智能教材</li>
    </ul>
</div>
</body>
</html>
```

以上代码的运行结果如图 2-38 所示，所有带有 id 属性且属性值以"name"结尾的元素被添加上了背景色。

图 2-38　使用[attribute$=value]选择器示例

2.7 上 机 练 习

练习 1：使用属性选择器选择指定的元素

使用 jQuery 属性选择器选择 h2 元素，运行结果如图 2-39 所示。单击"元素选择器"按钮，结果如图 2-40 所示。

图 2-39　初始状态　　　　　　图 2-40　选择 h2 元素后的效果

练习 2：使用类名选择器修改文字的底纹颜色

使用 jQuery 类名选择器修改文字的底纹颜色，运行结果如图 2-41 所示，初始底纹颜色为粉红色。单击"改变颜色"按钮，结果如图 2-42 所示，底纹颜色改为红色。

图 2-41　初始状态　　　　　　图 2-42　修改文字的底纹颜色

第 3 章

使用 jQuery 控制页面

在网页制作方面中，jQuery 具有强大的功能。从本章开始，将陆续讲解 jQuery 的实用功能。本章主要介绍如何用 jQuery 控制页面，包括对标记的属性进行操作、对表单元素进行操作、对元素的 CSS 样式进行操作和获取与编辑 DOM 节点等。

3.1 对页面的内容进行操作

jQuery 提供了对元素内容进行操作的方法，元素的内容是指定义元素的起始标记和结束标记中间的内容，又可以分为文本内容和 HTML 内容。

3.1.1 对文本内容进行操作

jQuery 提供了 text()和 text(val)两种方法，用于对文本内容进行操作，主要作用是设置或返回所选元素的文本内容。其中，text()方法用来获取全部匹配元素的文本内容，text(val)方法用来设置全部匹配元素的文本内容。

1. 获取文本内容

实例 1 获取文本内容并显示出来(案例文件：ch03\3.1.html)

```html
<!DOCTYPE html>
<html>
<head>
    <meta charset="UTF-8">
    <title>获取文本内容</title>
    <script language="javascript" src="jquery.min.js"></script>
    <script language="javascript">
        $(document).ready(function(){
            $("#btn1").click(function(){
                alert("文本内容为: " + $("#test").text());
            });
        });
    </script>
</head>
<body>
<p id="test">荆溪白石出，天寒红叶稀。山路元无雨，空翠湿人衣。</p>
<button id="btn1">获取文本内容</button>
</body>
</html>
```

运行以上程序代码，单击"获取文本内容"按钮，效果如图 3-1 所示。

图 3-1 获取文本内容

2. 修改文本内容

下面通过例子来理解如何修改文本的内容。

实例2　修改文本内容(案例文件：ch03\3.2.html)

```html
<!DOCTYPE html>
<html>
<head>
    <meta charset="UTF-8">
    <title>修改文本内容</title>
    <script language="javascript" src="jquery.min.js"></script>
    <script language="javascript">
        $(document).ready(function(){
            $("#btn1").click(function(){
                $("#test1").text("百啭千声随意移，山花红紫树高低。");
            });
        });
    </script>
</head>
<body>
<p id="test1">始知锁向金笼听，不及林间自在啼。</p>
<button id="btn1">修改文本内容</button>
</body>
</html>
```

运行以上程序代码，结果如图 3-2 所示。单击"修改文本内容"按钮，效果如图 3-3 所示。

图 3-2　程序初始结果　　　　　　　　　　　　图 3-3　修改文本内容

3.1.2　对 HTML 内容进行操作

jQuery 提供的 html()方法用于设置或返回所选元素的内容，这里包括 HTML 标记。

1. 获取 HTML 内容

下面通过例子来理解如何获取 HTML 内容。

实例3　获取 HTML 内容(案例文件：ch03\3.3.html)

```html
<!DOCTYPE html>
<html>
<head>
    <meta charset="UTF-8">
    <title>获取 HTML 内容</title>
```

```
    <script language="javascript" src="jquery.min.js"></script>
    <script language="javascript">
        $(document).ready(function(){
            $("#btn1").click(function(){
                alert("HTML 内容为: " + $("#test").html());
            });
        });
    </script>
</head>
<body>
<p id="test">今日采购的商品是: <b>洗衣机</b> </p>
<button id="btn1">获取 HTML 内容</button>
</body>
</html>
```

运行以上程序代码,单击"获取 HTML 内容"按钮,效果如图 3-4 所示。

图 3-4 获取 HTML 内容

2. 修改 HTML 内容

下面通过例子来理解如何修改 HTML 内容。

实例 4 修改 HTML 内容(案例文件:ch03\3.4.html)

```
<!DOCTYPE html>
<html>
<head>
    <meta charset="UTF-8">
    <title>修改 HTML 内容</title>
    <script language="javascript" src="jquery.min.js"></script>
    <script language="javascript">
        $(document).ready(function(){
            $("#btn1").click(function(){
                $("#test1").html("<i>东风袅袅泛崇光,香雾空蒙月转廊。</i> ");
            });
        });
    </script>
</head>
<body>
<p id="test1">只恐夜深花睡去,故烧高烛照红妆。</p>
<button id="btn1">修改 HTML 内容</button>
</body>
</html>
```

运行以上程序代码，结果如图 3-5 所示。单击"修改 HTML 内容"按钮，效果如图 3-6 所示，可见不仅内容发生了变化，而且字体也修改为斜体了。

图 3-5　程序初始结果

图 3-6　修改 HTML 内容

3.2　对标记的属性进行操作

jQuery 提供了对标记的属性进行操作的方法。

3.2.1　获取属性的值

jQuery 提供的 prop()方法主要用于设置或返回被选元素的属性值。

实例5　获取图片的属性值(案例文件：ch03\3.5.html)

```html
<!DOCTYPE html>
<html>
<head>
    <meta charset="UTF-8">
    <title>获取图片的属性值</title>
    <script language="javascript" src="jquery.min.js"></script>
    <script language="javascript">
        $(document).ready(function(){
            $("button").click(function(){
                alert("图像宽度为: " + $("img").prop("width")+", 高度为: " +
$("img").prop("height"));
            });
        });
    </script>
</head>
<body>
<img src="1.jpg" />
<br />
<button>查看图片的属性</button>
</body>
</html>
```

运行以上程序代码，单击"查看图片的属性"按钮，效果如图 3-7 所示。

图 3-7　获取属性的值

3.2.2　设置属性的值

prop()方法除了可以获取元素属性的值之外，还可以通过它设置属性的值。具体的语法格式如下：

```
prop(name,value);
```

该方法将元素的 name 属性的值设置为 value。

实例6　改变图片的宽度(案例文件：ch03\3.6.html)

```html
<!DOCTYPE html>
<html>
<head>
    <meta charset="UTF-8">
    <title>改变图片的宽度</title>
    <script language="javascript" src="jquery.min.js"></script>
    <script language="javascript">
        $(document).ready(function(){
            $("button").click(function(){
                $("img").prop("width","300");
            });
        });
    </script>
</head>
<body>
<img src="2.jpg" />
<br />
<button>修改图片的宽度</button>
</body>
</html>
```

运行以上程序代码，结果如图 3-8 所示。单击"修改图片的宽度"按钮，最终结果如图 3-9 所示。

图 3-8　程序初始结果

图 3-9　修改图片的宽度

3.2.3　删除属性的值

jQuery 提供的 removeAttr(name)方法用来删除属性的值。

实例 7　删除所有<p>元素的 style 属性(案例文件：ch03\3.7.html)

```html
<!DOCTYPE html>
<html>
<head>
    <meta charset="UTF-8">
    <title>删除所有 p 元素的 style 属性</title>
    <script language="javascript" src="jquery.min.js"></script>
    <script language="javascript">
        $(document).ready(function(){
            $("button").click(function(){
                $("p").removeAttr("style");
            });
        });
    </script>
</head>
<body>
<h1>稻田</h1>
<p style="font-size:26px;color:red;font-weight:bold">绿波春浪满前陂，极目连
云䅇稏肥。</p>
<p style="font-size:20px;color:blue;font-weight:bold">更被鹭鹚千点雪，破烟来
入画屏飞。</p>
<button>删除所有 p 元素的 style 属性</button>
</body>
</html>
```

运行以上程序代码，结果如图 3-10 所示。单击"删除所有 p 元素的 style 属性"按钮，结果如图 3-11 所示。

图 3-10　程序初始结果　　　　　　　　　图 3-11　删除所有 p 元素的 style 属性

3.3　对表单元素进行操作

jQuery 提供了对表单元素进行操作的方法 val()。

3.3.1　获取表单元素的值

val()方法返回或设置被选元素的值。元素的值是通过 value 属性设置的。该方法大都用于表单元素。如果该方法未设置参数，则返回被选元素的当前值。

实例8　获取表单元素的值并显示出来(案例文件：ch03\3.8.html)

```html
<!DOCTYPE html>
<html>
<head>
    <meta charset="UTF-8">
    <title>获取表单元素的值</title>
    <script language="javascript" src="jquery.min.js"></script>
    <script language="javascript">
        $(document).ready(function(){
            $("button").click(function(){
                alert($("input:text").val());
            });
        });
    </script>
</head>
<body>
    名称：<input type="text" name="name" value="苹果" /><br />
    库存：<input type="text" name="num" value="6800千克 " /><br />
    <button>获得第一个文本域的值</button>
</body>
</html>
```

运行以上程序代码，单击"获得第一个文本域的值"按钮，结果如图 3-12 所示。

图 3-12　获取表单元素的值

3.3.2　设置表单元素的值

val()方法设置表单元素的值的语法格式如下:

```
$("selector").val(value);
```

实例9　设置表单元素的值(案例文件：ch03\3.9.html)

```html
<!DOCTYPE html>
<html>
<head>
    <meta charset="UTF-8">
    <title>修改表单元素的值</title>
    <script language="javascript" src="jquery.min.js"></script>
    <script language="javascript">
        $(document).ready(function(){
            $("button").click(function(){
                $(":text").val("冰箱");
            });
        });
    </script>
</head>
<body>
<p>最新采购的商品名称是: <input type="text" name="user" value="洗衣机" /></p>
<button>更新文本域的值</button>
</body>
</html>
```

运行以上程序代码，结果如图 3-13 所示。单击"更新文本域的值"按钮，结果如图 3-14 所示。

图 3-13　程序初始结果

图 3-14　改变文本域的值

3.4 对元素的 CSS 样式进行操作

通过 jQuery，用户可以很容易地对 CSS 样式进行操作。

3.4.1 添加 CSS 类

addClass()方法主要是向被选元素添加一个或多个类。

下面的例子展示如何向不同的元素添加 class 属性。当然，在添加类时，也可以选取多个元素。

实例 10 向不同的元素添加 class 属性(案例文件：ch03\3.10.html)

```html
<!DOCTYPE html>
<html>
<head>
    <meta charset="UTF-8">
    <title>向不同的元素添加 class 属性</title>
    <script language="javascript" src="jquery.min.js"></script>
    <script language="javascript">
        $(document).ready(function(){
            $("button").click(function(){
                $("h1,h2,p").addClass("blue");
                $("div").addClass("important");
            });
        });
    </script>
    <style type="text/css">
        .important
        {
            font-weight: bold;
            font-size: xx-large;
        }
        .blue
        {
            color: blue;
        }
    </style>
</head>
<body>
<h1>山中雪后</h1>
<h3>清代：郑燮</h3>
<p>晨起开门雪满山，雪晴云淡日光寒。</p>
<p>檐流未滴梅花冻</p>
<div>一种清孤不等闲</div>
<br />
<button>向元素添加 CSS 类</button>
</body>
</html>
```

运行以上程序代码，结果如图 3-15 所示。单击"向元素添加 CSS 类"按钮，结果如

图 3-16 所示。

图 3-15　程序初始结果　　　　　　　　图 3-16　单击按钮后的结果

addClass()方法也可以同时添加多个 CSS 类。

实例 11　同时添加多个 CSS 类(案例文件：ch03\3.11.html)

```html
<!DOCTYPE html>
<html>
<head>
    <meta charset="UTF-8">
    <title>同时添加多个 CSS 类</title>
    <script language="javascript" src="jquery.min.js"></script>
    <script language="javascript">
        $(document).ready(function(){
            $("button").click(function(){
                $("#div2").addClass("important blue");
            });
        });
    </script>
    <style type="text/css">
        .important
        {
            font-weight: bold;
            font-size: xx-large;
        }
        .blue
        {
            color: blue;
        }
    </style>
</head>
<body>
<div id="div1">雨打梨花深闭门，孤负青春，虚负青春。</div>
<div id="div2">赏心乐事共谁论？花下销魂，月下销魂。</div>
<button>向 div2 元素添加多个 CSS 类</button>
</body>
</html>
```

运行以上程序代码，结果如图 3-17 所示。单击"向 div2 元素添加多个 CSS 类"按钮，结果如图 3-18 所示。

图 3-17　程序初始结果

图 3-18　向 div2 元素添加多个 CSS 类

3.4.2　删除 CSS 类

removeClass()方法主要是从被选元素删除一个或多个类。

实例 12　删除 CSS 类 (案例文件：ch03\3.12.html)

```html
<!DOCTYPE html>
<html>
<head>
    <meta charset="UTF-8">
    <title>删除 CSS 类</title>
    <script language="javascript" src="jquery.min.js"></script>
    <script language="javascript">
        $(document).ready(function(){
            $("button").click(function(){
                $("h1,h3,p").removeClass("important blue");
            });
        });
    </script>
    <style type="text/css">
        .important
        {
            font-weight: bold;
            font-size: xx-large;
        }
        .blue
        {
            color: blue;
        }
    </style>
</head>
<body>
<h1 class="blue">春江花月夜</h1>
<h3 class="blue">春江潮水连海平</h3>
<p class="blue">海上明月共潮生</p>
<p class="important ">滟滟随波千万里</p>
<p class="important ">何处春江无月明</p>
<button>从元素上删除 CSS 类</button>
</body>
</html>
```

运行以上程序代码，结果如图 3-19 所示。单击"从元素上删除 CSS 类"按钮，结果如图 3-20 所示。

图 3-19　程序初始结果

图 3-20　删除 CSS 类后的结果

3.4.3　动态切换 CSS 类

jQuery 提供的 toggleClass()方法的主要作用是对设置或移除被选元素的一个或多个 CSS 类进行切换。该方法将检查每个元素中指定的类，如果不存在则添加类，如果已设置则删除，这就是所谓的切换效果。不过，通过使用 switch 参数，我们能够规定只删除或只添加类。使用的语法格式如下：

```
$(selector).toggleClass(class,switch)
```

其中，class 是必需的，规定添加或移除 class 的指定元素。如需规定多个 class，使用空格来分隔类名。switch 是可选的布尔值，确定是否添加或移除 class。

实例 13　动态切换 CSS 类(案例文件：ch03\3.13.html)

```html
<!DOCTYPE html>
<html>
<head>
    <meta charset="UTF-8">
    <title>动态切换 CSS 类</title>
    <script language="javascript" src="jquery.min.js"></script>
    <script language="javascript">
        $(document).ready(function(){
            $("button").click(function(){
                $("p").toggleClass("c1");
            });
        });
    </script>
    <style type="text/css">
        .c1
        {
            font-size: 150%;
            color: blue;
        }
    </style>
</head>
<body>
```

```
<h1>春江花月夜</h1>
<p>不知江月待何人，但见长江送流水。</p>
<p>白云一片去悠悠，青枫浦上不胜愁。</p>
<button>切换到"c1"类样式</button>
</body>
</html>
```

运行以上程序代码，结果如图 3-21 所示。单击"切换到"c1"类样式"按钮，结果如图 3-22 所示。再次单击上面的按钮，则会在两个不同的效果之间切换。

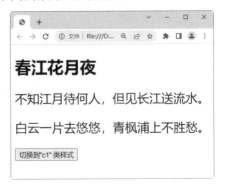

图 3-21　程序初始结果　　　　　　　　　图 3-22　切换到"c1"类样式

3.4.4　获取和设置 CSS 样式

jQuery 提供的 css() 方法用来获取或设置匹配元素的一个或多个样式属性。

通过 css(name) 来获得某种样式的值。

实例 14　获取 CSS 样式(案例文件：ch03\3.14.html)

```
<!DOCTYPE html>
<html>
<head>
    <meta charset="UTF-8">
    <title>获取 p 段落的颜色</title>
    <script language="javascript" src="jquery.min.js"></script>
    <script language="javascript">
        $(document).ready(function(){
            $("button").click(function(){
                alert($("p").css("color"));
            });
        });
    </script>
</head>
<body>
<p style="color:blue">斜月沉沉藏海雾，碣石潇湘无限路。</p>
<button type="button">返回段落的颜色</button>
</body>
</html>
```

运行以上程序代码，单击"返回段落的颜色"按钮，结果如图 3-23 所示。

图 3-23　获取 CSS 样式

通过 css(name,value)来设置元素的样式。

实例 15　设置 CSS 样式(案例文件：ch03\3.15.html)

```html
<!DOCTYPE html>
<html>
<head>
    <meta charset="UTF-8">
    <title>设置 CSS 样式</title>
    <script language="javascript" src="jquery.min.js"></script>
    <script language="javascript">
        $(document).ready(function(){
            $("button").click(function(){
                $("p").css("font-size","150%");
            });
        });
    </script>
</head>
<body>
<p>玉户帘中卷不去，捣衣砧上拂还来。</p>
<p>此时相望不相闻，愿逐月华流照君。</p>
<button type="button">改变段落文字的大小</button>
</body>
</html>
```

运行以上程序代码，结果如图 3-24 所示。单击"改变段落文字的大小"按钮，结果如图 3-25 所示。

图 3-24　程序初始结果

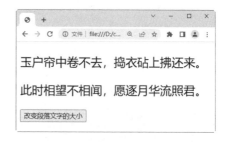

图 3-25　改变段落文字的大小

3.5 获取与编辑 DOM 节点

jQuery 为简化开发人员的工作，为用户提供了对 DOM 节点进行操作的方法，下面进行详细介绍。

3.5.1 插入节点

在 jQuery 中，插入节点可以分为在元素内部插入和在元素外部插入两种，下面分别进行介绍。

1. 在元素内部插入节点

在元素内部插入节点就是向一个元素中添加子元素和内容。如表 3-1 所示，这是在元素内部插入节点的方法。

表 3-1 在元素内部插入节点的方法

方 法	功 能
append()	在被选元素的结尾插入内容
appendTo()	在被选元素的结尾插入 HTML 元素
prepend()	在被选元素的开头插入内容
prependTo()	在被选元素的开头插入 HTML 元素

下面通过使用 appendTo()方法的例子来理解。

实例 16 使用 appendTo()方法插入节点(案例文件：ch03\3.16.html)

```html
<!DOCTYPE html>
<html>
<head>
    <meta charset="UTF-8">
    <title>使用 appendTo()方法插入节点</title>
    <script src="jquery.min.js"></script>
    <script>
        $(document).ready(function(){
            $("button").click(function(){
                $("<span>(春江花月夜)</span>").appendTo("p");
            });
        });
    </script>
</head>
<body>
<p>空里流霜不觉飞</p>
<p>汀上白沙看不见</p>
<p>江天一色无纤尘</p>
<p>皎皎空中孤月轮</p>
<button>插入节点</button>
</body>
</html>
```

运行以上程序代码，结果如图 3-26 所示。单击"插入节点"按钮，即可在每个 p 元素结尾插入 span 元素，即"(春江花月夜)"，结果如图 3-27 所示。

图 3-26　程序初始结果

图 3-27　在每个 p 元素结尾插入 span 元素

2. 在元素外部插入节点

在元素外部插入节点就是将要添加的内容添加到元素之前或之后。如表 3-2 所示，这是在元素外部插入节点的方法。

表 3-2　在元素外部插入节点的方法

方　　法	功　　能
after()	在被选元素后插入内容
insertAfter()	在被选元素后插入 HTML 元素
before()	在被选元素前插入内容
insertBefore()	在被选元素前插入 HTML 元素

实例 17　使用 after()方法(案例文件：ch03\3.17.html)

```html
<!DOCTYPE html>
<html>
<head>
    <meta charset="UTF-8">
    <title>在被选元素后插入内容</title>
    <script src="jquery.min.js">
    </script>
    <script>
        $(document).ready(function(){
            $("button").click(function(){
                $("p").after("<p>春江花月夜</p>");
            });
        });
    </script>
</head>
<body>
<p>玉户帘中卷不去，捣衣砧上拂还来。</p>
<p>此时相望不相闻，愿逐月华流照君。</p>
<p>鸿雁长飞光不度，鱼龙潜跃水成文。</p>
<p>昨夜闲潭梦落花，可怜春半不还家。</p>
```

```
<button>插入节点</button>
</body>
</html>
```

运行以上程序代码,结果如图 3-28 所示。单击"插入节点"按钮,即可在每个 p 元素后插入内容,即"春江花月夜",结果如图 3-29 所示。

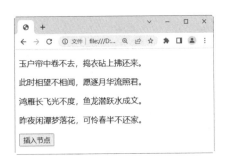

图 3-28   程序初始结果

图 3-29   在每个 p 元素后插入"春江花月夜"

3.5.2   删除节点

jQuery 为用户提供了两种删除节点的方法,如表 3-3 所示。

表 3-3   删除节点的方法

方　法	功　能
remove()	移除被选元素(不保留数据和事件)
detach()	移除被选元素(保留数据和事件)
empty()	从被选元素移除所有子节点和内容

实例 18   使用 remove()方法移除元素(案例文件:ch03\3.18.html)

```
<!DOCTYPE html>
<html>
<head>
    <meta charset="UTF-8">
    <title>使用 remove()方法移除元素</title>
    <script language="javascript" src="jquery.min.js"></script>
    <script language="javascript">
        $(document).ready(function(){
            $("button").click(function(){
                $("p").remove();
            });
        });
    </script>
</head>
```

```
<body>
<h1>春江花月夜</h1>
<h3>春江潮水连海平，海上明月共潮生。</h3>
<p>滟滟随波千万里，何处春江无月明！</p>
<p>江流宛转绕芳甸，月照花林皆似霰。</p>
<p>空里流霜不觉飞，汀上白沙看不见。</p>
<button>移除所有 p 元素</button>
</body>
</html>
```

运行以上程序代码，结果如图 3-30 所示。单击"移除所有 p 元素"按钮，即可移除所有的<p>元素内容，如图 3-31 所示。

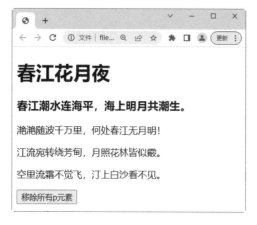

图 3-30　程序初始结果

图 3-31　移除所有的<p>元素内容

在 jQuery 中，使用 empty()方法可以直接删除元素的所有子元素。

实例 19　使用 empty()方法删除元素的所有子元素(案例文件：ch03\3.19.html)

```
<!DOCTYPE html>
<html>
<head>
    <meta charset="UTF-8">
    <title>删除元素的所有子元素</title>
    <script src="jquery.min.js">
    </script>
    <script>
        $(document).ready(function(){
            $("button").click(function(){
                $("div").empty();
            });
        });
    </script>
</head>
<body>
<div style="height:100px;background-color:bisque">
    江天一色无纤尘，皎皎空中孤月轮。
    <p> 江畔何人初见月？江月何年初照人？</p>
</div>
<p>不知江月待何人，但见长江送流水。</p>
```

```
<button>删除 div 块中的内容</button>
</body>
</html>
```

运行以上程序代码，结果如图 3-32 所示。单击"删除 div 块中的内容"按钮，即可删除 div 块中的所有内容，结果如图 3-33 所示。

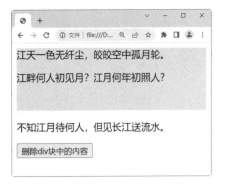

图 3-32　程序初始结果

图 3-33　删除 div 块中的所有内容

3.5.3　复制节点

jQuery 提供的 clone()方法，可以轻松完成复制节点操作。

实例 20 使用 clone()方法复制节点(案例文件：ch03\3.20.html)

```
<!DOCTYPE html>
<html>
<head>
    <meta charset="UTF-8">
    <title>复制节点</title>
    <script src="jquery.min.js">
    </script>
    <script>
        $(document).ready(function(){
            $("button").click(function(){
                $("p").clone().appendTo("body");
            });
        });
    </script>
</head>
<body>
<p>晨起开门雪满山，雪晴云淡日光寒。</p>
<p>檐流未滴梅花冻，一种清孤不等闲</p>
<button>复制</button>
</body>
</html>
```

运行以上程序代码，结果如图 3-34 所示。单击"复制"按钮，即可复制所有 p 元素，并在 body 元素中插入它们，结果如图 3-35 所示。

图 3-34 程序初始结果

图 3-35 复制所有 p 元素

3.5.4 替换节点

jQuery 为用户提供了两种替换节点的方法，如表 3-4 所示。两种方法的功能相关，只是两者的表达形式不一样。

表 3-4 替换节点的方法

方　　法	功　　能
replaceAll()	把被选元素替换为新的 HTML 元素
replaceWith()	把被选元素替换为新的内容

实例 21 使用 replaceAll()方法替换节点(案例文件：ch03\3.21.html)

```html
<!DOCTYPE html>
<html>
<head>
    <meta charset="UTF-8">
    <title>使用 replaceAll()方法替换节点</title>
    <script src="jquery.min.js">
    </script>
    <script>
        $(document).ready(function(){
            $("button").click(function(){
                $("<span><b>有约不来过夜半，闲敲棋子落灯花。
</b></span>").replaceAll("p:last");
            });
        });
    </script>
</head>
<body>
<p>黄梅时节家家雨，青草池塘处处蛙。</p>
<p>黄梅时节家家雨，青草池塘处处蛙。</p>
<button>替换节点</button><br>
</body>
</html>
```

运行以上程序代码，结果如图 3-36 所示。单击"替换节点"按钮，即可用一个 span 元素替换最后一个 p 元素，结果如图 3-37 所示。

图 3-36　程序初始结果　　　　　　图 3-37　用 span 元素替换最后一个 p 元素

实例 22　使用 replaceWith()方法替换节点(案例文件：ch03\3.22.html)

```html
<!DOCTYPE html>
<html>
<head>
<title>replaceWith()方法应用示例</title>
<script src="jquery.min.js">
</script>
<script>
$(document).ready(function(){
    $("button").click(function(){
        $("p:first").replaceWith("黄梅时节家家雨，青草池塘处处蛙。");
    });
});
</script>
</head>
<body>
<p>孤帆远影碧空尽，</p>
<p>唯见长江天际流。</p>
<button>替换(replaceWith()方法)</button>
</body>
</html>
```

运行以上程序代码，结果如图 3-38 所示。单击"替换节点"按钮，即可使用新文本替换第一个 p 元素，结果如图 3-39 所示。

图 3-38　程序初始结果　　　　　　图 3-39　使用新文本替换第一个 p 元素

3.6　上机练习

练习 1：使用 jQuery 控制 CSS 样式

在网站制作中，经常需要使用 jQuery 控制 CSS 样式。本案例要求通过 jQuery 实现效果，将鼠标指针放在文字上，则该行文字底纹变成红色，效果如图 3-40 所示。按下鼠标左键，则文字的颜色变成绿色并且变大，效果如图 3-41 所示。

图 3-40　文字底纹变成红色

图 3-41　文字的样式发生变化

练习 2：制作多级菜单

多级菜单是用多个<li>和<ul>相互嵌套实现的，譬如一个菜单下面还有一级菜单，那么这个<li>里面就会嵌套一个<ul>。所以 jQuery 选择器可以通过<li>找到那些包含<ul>的项目。本练习将制作一个多级菜单，运行结果如图 3-42 所示。单击"孕产用品"链接，即可展开多级菜单，如图 3-43 所示。

图 3-42　程序初始结果

图 3-43　展开多级菜单

第 4 章

使用 jQuery 操作事件

JavaScript 以事件驱动实现页面交互，从而使页面具有了动态性和响应性，如果没有事件，将很难完成页面与用户之间的交互。事件驱动的核心：以消息为基础，以事件为驱动。jQuery 增加并扩展了基本的事件处理机制，大大增强了事件处理的能力。本章将重点学习事件处理的方法和技巧。

4.1 jQuery 的事件机制

jQuery 有效地简化了 JavaScript 的编程。jQuery 的事件机制是事件方法会触发匹配元素的事件，或将函数绑定到所有匹配元素的某个事件。

4.1.1 什么是 jQuery 的事件机制

jQuery 的事件处理机制在 jQuery 框架中起着重要的作用，jQuery 的事件处理方法是 jQuery 中的核心函数。通过 jQuery 的事件处理机制，可以创造自定义的行为，比如改变样式、效果显示、提交等，使网页效果更加丰富。

使用 jQuery 事件处理机制比直接使用 JavaScript 本身内置的一些事件响应方式更加灵活，且不容易暴露在外，并且有更加灵活的语法，大大减少了编写代码的工作量。

jQuery 的事件处理机制包括页面加载、事件绑定、事件委派、事件切换四种机制。

4.1.2 切换事件

切换事件是指在一个元素上绑定了两个以上的事件，在各个事件之间进行的切换动作。例如，当鼠标放在图片上时触发一个事件，当鼠标单击后又触发一个事件，可以用切换事件来实现。

在 jQuery 中，hover()方法用于事件的切换。当需要设置在鼠标悬停和鼠标移出的事件中进行切换时，使用 hover()方法。下面的例子中，当鼠标悬停在文字上时，将显示一段文字。

实例1 切换事件(案例文件：ch04\4.1.html)

```html
<!DOCTYPE html>
<html>
<head>
    <meta charset="UTF-8">
    <title>hover()切换事件</title>
    <script type="text/javascript" src="jquery.min.js"></script>
    <script type="text/javascript">
        $(document).ready(function(){
            $(".clsContent").hide();
        });
        $(function(){
            $(".clsTitle").hover(function(){
                    $(".clsContent").show();
                },
                function(){
                    $(".clsContent").hide();
                })
        })
    </script>
</head>
<body>
<div class="clsTitle"><h1>老码识途课堂</h1></div>
```

```
<div class="clsContent">网络安全训练营</div>
<div class="clsContent">网站前端训练营</div>
<div class="clsContent">PHP 网站训练营</div>
<div class="clsContent">人工智能训练营</div>
</body>
</html>
```

运行以上程序代码，结果如图 4-1 所示。将鼠标指针放在"老码识途课堂"文字上，结果如图 4-2 所示。

图 4-1　程序初始结果

图 4-2　鼠标悬停后的结果

4.1.3　事件冒泡

在一个对象上触发某类事件(比如单击 onclick 事件)，如果对象定义了事件的处理程序，那么此事件就会调用这个处理程序，如果没有定义事件处理程序或者事件返回 true，那么这个事件会向这个对象的父级对象传播，从里到外，直至它被处理(父级对象的所有同类事件都将被激活)，或者它到达了对象层次的最顶层，即 document 对象(有些浏览器是 window 对象)。

例如，在地方检察院起诉一件案子，如果地方没有处理此类案件的法院，则地方相关部门会继续往上级法院上诉，比如从市级法院到省级法院，直至到最高法院，最终使案件得到处理。

实例 2　事件冒泡(案例文件：ch04\4.2.html)

```
<!DOCTYPE html>
<html>
<head>
    <meta charset="UTF-8">
    <title>事件冒泡</title>
    <script type="text/javascript" src="jquery.min.js"></script>
    <script type="text/javascript">
        function add(Text){
            var Div = document.getElementById("display");
            Div.innerHTML += Text;    //输出点击顺序
        }
    </script>
</head>
<body onclick="add('第三层事件<br />');">
<div onclick="add('第二层事件<br />');">
```

```
    <p onclick="add('第一层事件<br />');">事件冒泡</p>
</div>
<div id="display"></div>
</body>
</html>
```

运行以上程序代码，结果如图 4-3 所示。单击"事件冒泡"文字，结果如图 4-4 所示。代码为 p、div、body 元素都添加了 onclick()函数，当单击 p 元素的文字时，触发事件，并且触发顺序是由底层依次向上触发。

图 4-3　程序初始结果

图 4-4　单击"事件冒泡"文字后

4.2　页面加载响应事件

jQuery 中的$(doucument).ready()事件是页面加载响应事件，ready()是 jQuery 事件模块中最重要的一个函数。ready()方法可以看作对 window.onload 注册事件的替代方法，通过使用这个方法，可以在 DOM 载入就绪时立刻调用所绑定的函数，而几乎所有的 JavaScript 函数都需要在那一刻执行。ready()函数仅能用于当前文档，因此无须选择器。

ready()函数的语法格式有如下 3 种。

(1)　语法格式 1：$(document).ready(function)。

(2)　语法格式 2：$().ready(function)。

(3)　语法格式 3：$(function)。

其中，参数 function 是必选项，规定文档加载后要运行的函数。

实例3　使用 ready()函数(案例文件：ch04\4.3.html)

```
<!DOCTYPE html>
<html>
<head>
    <meta charset="UTF-8">
    <title>使用 ready()函数</title>
    <script language="javascript" src="jquery.min.js"></script>
    <script language="javascript">
        $(document).ready(function(){
            $(".btn1").click(function(){
                $("p").slideToggle();
            });
        });
    </script>
```

```
</head>
<body>
<p>客从远方来，遗我一端绮。</p>
<p>相去万余里，故人心尚尔。</p>
<p>文采双鸳鸯，裁为合欢被。</p>
<p>著以长相思，缘以结不解。</p>
<p>以胶投漆中，谁能别离此？</p>
<button class="btn1">隐藏文字</button>
</body>
</html>
```

运行以上程序代码，结果如图 4-5 所示。单击"隐藏文字"按钮，结果如图 4-6 所示。可见在文档加载后激活了函数。

图 4-5　程序初始结果

图 4-6　隐藏文字

4.3　jQuery 中的事件函数

在网站开发过程中，经常使用的事件函数包括键盘操作、鼠标操作、表单提交、焦点触发等。

4.3.1　键盘操作事件函数

日常开发中常见的键盘操作事件函数包括 keydown()、keypress()和 keyup()，如表 4-1 所示。

表 4-1　键盘操作事件函数

事件函数	含　义
keydown()	触发或将函数绑定到指定元素的 key down 事件(按下键盘上某个按键时触发)
keypress()	触发或将函数绑定到指定元素的 key press 事件(按下某个按键并产生字符时触发)
keyup()	触发或将函数绑定到指定元素的 key up 事件(释放某个按键时触发)

完整的按键过程应该分为两步，按键被按下，然后按键被松开并复位，这样就触发了 keydown()和 keyup()事件函数。

下面通过例子来讲解 keydown()和 keyup()事件函数的使用方法。

实例 4　使用 keydown()和 keyup()事件函数(案例文件：ch04\4.4.html)

```html
<!DOCTYPE html>
<html>
<head>
    <meta charset="UTF-8">
    <title>使用 keydown()和 keyup()事件函数</title>
    <script language="javascript" src="jquery.min.js"></script>
    <script language="javascript">
        $(document).ready(function(){
            $("input").keydown(function(){
                $("input").css("background-color","yellow");
            });
            $("input").keyup(function(){
                $("input").css("background-color","red");
            });
        });
    </script>
</head>
<body>
请输入商品名称: <input type="text" />
<p>当发生 keydown 和 keyup 事件时，输入域会改变颜色。</p>
</body>
</html>
```

运行以上程序代码，当按下按键时，输入域的背景色为黄色，效果如图 4-7 所示。当松开按键时，输入域的背景色为红色，效果如图 4-8 所示。

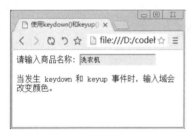

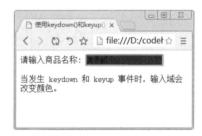

图 4-7　按下按键时输入域的背景色　　　　图 4-8　松开按键时输入域的背景色

keypress 事件与 keydown 事件类似。当按键被按下时，会发生该事件。它发生在当前获得焦点的元素上。不过，与 keydown 事件不同，每插入一个字符，就会发生 keypress 事件。keypress()方法触发 keypress 事件，或规定当发生 keypress 事件时运行的函数。

下面通过例子来讲解 keypress()事件函数的使用方法。

实例 5　使用 keypress()事件函数(案例文件：ch04\4.5.html)

```html
<!DOCTYPE html>
<html>
<head>
    <meta charset="UTF-8">
    <title>使用 keypress()事件函数</title>
    <script language="javascript" src="jquery.min.js"></script>
    <script language="javascript">
        i = 0;
```

```
    $(document).ready(function(){
        $("input").keypress(function(){
            $("span").text(i+=1);
        });
    });
    </script>
</head>
<body>
请输入商品名称: <input type="text" />
<p>按键次数:<span>0</span></p>
</body>
</html>
```

运行以上程序代码，按下按键输入内容时，即可看到显示的按键次数，效果如图 4-9 所示。继续输入内容，则按下按键数发生相应的变化，效果如图 4-10 所示。

图 4-9　输入 4 个字母的效果

图 4-10　输入 10 个字母的效果

4.3.2　鼠标操作事件

与键盘操作事件函数相比，鼠标操作事件函数比较多，常见的鼠标操作事件函数的含义如表 4-2 所示。

表 4-2　鼠标操作事件函数

事件函数	含　义
mousedown()	触发或将函数绑定到指定元素的 mouse down 事件(鼠标的按键被按下)
mouseenter()	触发或将函数绑定到指定元素的 mouse enter 事件(当鼠标指针进入(穿过)目标时)
mouseleave()	触发或将函数绑定到指定元素的 mouse leave 事件(当鼠标指针离开目标时)
mousemove()	触发或将函数绑定到指定元素的 mouse move 事件(鼠标在目标的上方移动)
mouseout()	触发或将函数绑定到指定元素的 mouse out 事件(鼠标移出目标的上方)
mouseover()	触发或将函数绑定到指定元素的 mouse over 事件(鼠标移到目标的上方)
mouseup()	触发或将函数绑定到指定元素的 mouse up 事件(鼠标的按键被释放弹起)
click()	触发或将函数绑定到指定元素的 click 事件(单击鼠标的按键)
dblclick()	触发或将函数绑定到指定元素的 double click 事件(双击鼠标的按键)

下面通过使用 mousemove 事件函数实现鼠标定位的效果。

实例 7 使用 mousemove 事件函数(案例文件：ch04\4.6.html)

```
<!DOCTYPE html>
<html>
<head>
    <meta charset="UTF-8">
    <title>使用 mousemove 事件函数</title>
    <script language="javascript" src="jquery.min.js"></script>
    <script language="javascript">
        $(document).ready(function(){
            $(document).mousemove(function(e){
                $("span").text(e.pageX + ", " + e.pageY);
            });
        });
    </script>
</head>
<body>
<p>当前鼠标的坐标：<span></span>.</p>
</body>
</html>
```

运行以上程序代码，结果如图 4-11 所示。随着鼠标的移动，将动态显示鼠标指针的
坐标。

图 4-11　使用 mousemove 事件函数示例

下面通过例子来讲解鼠标 mouseover 和 mouseout 事件函数的使用方法。

实例 7 使用 mouseover 和 mouseout 事件函数(案例文件：ch04\4.7.html)

```
<!DOCTYPE html>
<html>
<head>
    <meta charset="UTF-8">
    <title>使用 mouseover 和 mouseout 事件函数</title>
    <script language="javascript" src="jquery.min.js"></script>
    <script language="javascript">
        $(document).ready(function(){
            $("p").mouseover(function(){
                $("p").css("background-color","yellow");
            });
            $("p").mouseout(function(){
                $("p").css("background-color","#E9E9E4");
            });
        });
```

```
    </script>
</head>
<body>
<h2>醉桃源·元日</h2>
<p>五更枥马静无声。邻鸡犹怕惊。日华平晓弄春明。暮寒愁翳生。</p>
<p>新岁梦，去年情。残宵半酒醒。春风无定落梅轻。断鸿长短亭。</p>
</body>
</html>
```

运行以上程序代码，结果如图 4-12 所示。将鼠标指针放在段落上的结果如图 4-13 所示。该案例实现了当鼠标指针从元素上移入移出时，改变元素的背景色。

图 4-12　初始结果

图 4-13　鼠标放在段落上的结果

下面通过例子来讲解鼠标 click 和 dblclick 事件函数的使用方法。

实例 8　使用 click 和 dblclick 事件函数(案例文件：ch04\4.8.html)

```
<!DOCTYPE html>
<html>
<head>
    <meta charset="UTF-8">
    <title>使用 click 和 dblclick 事件函数</title>
    <script language="javascript" src="jquery.min.js"></script>
    <script language="javascript">
        $(document).ready(function(){
            $("#btn1").click(function(){
                $("#id1").slideToggle();
            });
            $("#btn2").dblclick(function(){
                $("#id2").slideToggle();
            });
        });
    </script>
</head>
<body>
<div id="id1">垂緌饮清露，流响出疏桐。</div></p>
<button id="btn1">单击隐藏</button></p>
<div id="id2">居高声自远，非是藉秋风。</div></p>
<button id="btn2">双击隐藏</button></p>
</body>
</html>
```

运行以上程序代码，结果如图 4-14 所示。单击"单击隐藏"按钮，结果如图 4-15 所示。双击"双击隐藏"按钮，结果如图 4-16 所示。

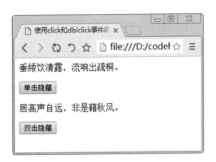

图 4-14　初始结果

图 4-15　单击鼠标的结果

图 4-16　双击鼠标的结果

4.3.3　其他的常用事件

除了上面讲述的常用事件函数外，还有一些如表单提交、焦点触发等事件函数，如表 4-3 所示。

表 4-3　其他常用的事件函数

事件函数	描　述
blur()	触发或将函数绑定到指定元素的 blur 事件(有元素或者窗口失去焦点时触发事件)
change()	触发或将函数绑定到指定元素的 change 事件(文本框内容改变时触发事件)
error()	触发或将函数绑定到指定元素的 error 事件(脚本或者图片加载错误、失败后触发事件)
resize()	触发或将函数绑定到指定元素的 resize 事件
scroll()	触发或将函数绑定到指定元素的 scroll 事件
focus()	触发或将函数绑定到指定元素的 focus 事件(有元素或窗口获取焦点时触发事件)
select()	触发或将函数绑定到指定元素的 select 事件(文本框中的字符被选择之后触发事件)
submit()	触发或将函数绑定到指定元素的 submit 事件(表单"提交"之后触发事件)
load()	触发或将函数绑定到指定元素的 load 事件(页面加载完成后在 window 上触发
unload()	触发或将函数绑定到指定元素的 unload 事件(与 load 相反，即卸载完成后触发)

下面挑选几个事件来讲解使用方法。

blur()函数触发 blur 事件，如果设置了 function 参数，该函数也可规定当发生 blur 事件时执行的代码。

实例 9　使用 blur()函数(案例文件：ch04\4.9.html)

```html
<!DOCTYPE html>
<html>
<head>
    <meta charset="UTF-8">
    <title>使用 blur()函数</title>
    <script language="javascript" src="jquery.min.js"></script>
    <script language="javascript">
        $(document).ready(function(){
            $("input").focus(function(){
                $("input").css("background-color","#FFFFCC");
            });
            $("input").blur(function(){
                $("input").css("background-color","#D6D6FF");
            });
        });
    </script>
</head>
<body>
请输入商品的名称：<input type="text" />
<p>请在上面的输入域中点击，使其获得焦点，然后在输入域外面点击，使其失去焦点。</p>
</body>
</html>
```

运行以上程序代码，在输入框中输入“电冰箱”文字，效果如图 4-17 所示。当鼠标单击文本框以外的空白处时，效果如图 4-18 所示。

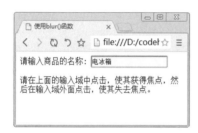

图 4-17　获得焦点后的效果

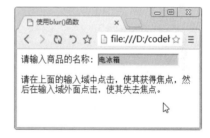

图 4-18　失去焦点后的效果

当元素的值发生改变时，可以使用 change 事件。该事件仅适用于文本域，以及 textarea 和 select 元素。change()函数触发 change 事件，或规定当发生 change 事件时运行的函数。

实例 10　使用 change()函数(案例文件：ch04\4.10.html)

```html
<!DOCTYPE html>
<html>
<head>
    <meta charset="UTF-8">
    <title>使用 change()函数</title>
    <script language="javascript" src="jquery.min.js"></script>
    <script language="javascript">
        $(document).ready(function(){
```

```
        $(".field").change(function(){
            $(this).css("background-color","#FFFFCC");
        });
    });
</script>
</head><body>
<p>在某个域被使用或改变时，它会改变颜色。</p>
请输入姓名：<input class="field" type="text" />
<p>选修科目：
    <select class="field" name="cars">
        <option value="volvo">C 语言</option>
        <option value="saab">Java 语言</option>
        <option value="fiat">Python 语言</option>
        <option value="audi">网络安全</option>
    </select></p>
</body>
</html>
```

运行以上程序代码，结果如图 4-19 所示。输入姓名和选择选修科目后，即可看到文本框的底纹发生了变化，结果如图 4-20 所示。

图 4-19　初始结果

图 4-20　修改元素值后的结果

4.4　事件的基本操作

4.4.1　绑定事件

在 jQuery 中，可以用 bind()函数给 DOM 对象绑定一个事件。bind()函数可以为被选元素添加一个或多个事件处理程序，并规定事件发生时运行的函数。

规定向被选元素添加的一个或多个事件处理程序，以及当事件发生时运行的函数时，使用的语法格式如下：

```
$(selector).bind(event,data,function)
```

其中，event 为必需项，规定添加到元素的一个或多个事件，由空格分隔多个事件，必须是有效的事件。data 为可选项，规定传递到函数的额外数据。function 为必需项，规定当事件发生时运行的函数。

实例 11 用 bind()函数绑定事件(案例文件：ch04\4.11.html)

```html
<!DOCTYPE html>
<html>
<head>
    <meta charset="UTF-8">
    <title>用bind()函数绑定事件</title>
    <script language="javascript" src="jquery.min.js"></script>
    <script language="javascript">
        $(document).ready(function(){
            $("button").bind("click",function(){
                $("p").slideToggle();
            });
        });
    </script>
</head>
<body>
<h2>春游湖</h2>
<p>双飞燕子几时回？夹岸桃花蘸水开。</p>
<p>春雨断桥人不渡，小舟撑出柳阴来。</p>
<button>隐藏文字</button>
</body>
</html>
```

运行以上程序代码，初始结果如图 4-21 所示。单击"隐藏文字"按钮，结果如图 4-22 所示。

图 4-21　初始结果

图 4-22　隐藏文字后的结果

4.4.2　触发事件

事件绑定后，可用 trigger 方法进行触发操作。trigger 方法规定被选元素要触发的事件。trigger()函数的语法如下：

```
$(selector).trigger(event,[param1,param2,...])
```

其中，event 为触发事件的动作，例如 click、dblclick。

实例 12 使用 trigger()函数来触发事件(案例文件：ch04\4.12.html)

```html
<!DOCTYPE html>
<html>
<head>
    <meta charset="UTF-8">
```

```
<title>使用 trigger()函数来触发事件</title>
<script language="javascript" src="jquery.min.js"></script>
<script language="javascript">
    $(document).ready(function(){
        $("input").select(function(){
            $("input").after("文本被选中！");
        });
        $("button").click(function(){
            $("input").trigger("select");
        });
    });
</script>
</head>
<body>
<input type="text" name="FirstName" size="35" value="正是霜风飘断处，寒鸥惊
起一双双。" />
<br />
<button>激活事件</button>
</body>
</html>
```

运行以上程序代码，结果如图 4-23 所示。选择文本框中的文字或者单击"激活事件"
按钮，结果如图 4-24 所示。

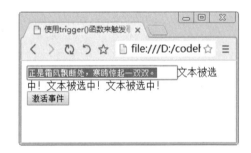

图 4-23　初始结果　　　　　　　　图 4-24　激活事件后的结果

4.4.3　移除事件

unbind()函数移除被选元素的事件处理程序。该函数能够移除所有的或被选的事件处
理程序，或者当事件发生时终止指定函数的运行。unbind()可以处理任何通过 jQuery 附加
的事件处理程序。

unbind()函数使用的语法格式如下：

```
$(selector).unbind(event,function)
```

其中，event 是可选参数，规定删除元素的一个或多个事件，由空格分隔多个事件值。
function 是可选参数，规定从元素的指定事件取消绑定的函数名。如果未规定参数，
unbind()方法会删除指定元素的所有事件处理程序。

实例 13　使用 unbind()函数(案例文件：ch04\4.13.html)

```html
<!DOCTYPE html>
<html>
<head>
    <meta charset="UTF-8">
    <title>使用 unbind()方法</title>
    <script language="javascript" src="jquery.min.js"></script>
    <script language="javascript">
        $(document).ready(function(){
            $("p").click(function(){
                $(this).slideToggle();
            });
            $("button").click(function(){
                $("p").unbind();
            });
        });
    </script>
</head>
<body>
<p>今古河山无定据。画角声中，牧马频来去。</p>
<p>满目荒凉谁可语？西风吹老丹枫树。</p>
<p>从前幽怨应无数。铁马金戈，青冢黄昏路。</p>
<p>一往情深深几许？深山夕照深秋雨。</p>
<button>删除 p 元素的事件处理器</button>
</body>
</html>
```

运行以上程序代码，结果如图 4-25 所示。单击任意段落即可让其消失，如图 4-26 所示。单击"删除 p 元素的事件处理器"按钮后，再次单击任意段落，则不会出现消失的效果，可见此时已经移除了事件。

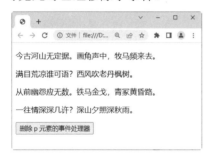

图 4-25　初始结果

图 4-26　激活事件后的结果

4.5　上机练习

练习 1：设计淡入淡出的下拉菜单

本练习要求设计淡入淡出的下拉菜单，程序运行结果如图 4-27 所示。单击"热销课程"，即可弹出淡入淡出的下拉菜单，如图 4-28 所示。

图 4-27　初始结果

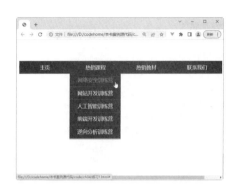

图 4-28　淡入淡出的下拉菜单

练习 2：设计绚丽的多级动画菜单

本练习要求设计绚丽的多级动画菜单效果。鼠标经过菜单区域时动画式展开大幅的下拉菜单，具有动态效果，显得更加生动活泼。程序运行结果如图 4-29 所示。将鼠标放在"淘宝特色服务"链接文字上，动态显示多级菜单，效果如图 4-30 所示。

图 4-29　程序运行初始结果

图 4-30　展开菜单的效果

练习 3：设计一个外卖配送页面

本练习要求根据学习的 jQuery 在页面控制方面的相关知识，设计一个外卖配送页面。程序运行结果如图 4-31 所示。在页面中选中需要的食品和数量，即可在下方显示合计金额，如图 4-32 所示。

图 4-31　程序运行初始结果

图 4-32　显示合计金额

第5章

使用 jQuery 操作动画

jQuery 能在页面上实现绚丽的动画效果，jQuery 本身对页面动态效果提供了一些有限的支持，如动态显示和隐藏页面的元素、淡入淡出动画效果、滑动动画效果等。本章就来介绍如何使用 jQuery 制作动画特效。

5.1 网页动画特效的实现方法

　　动画是使元素从一种样式逐渐变化为另一种样式的效果，在动画变化的过程中，用户可以设计任意多的样式或次数，从而制作出多种多样的网页动画与特效。设计网页动画特效常用的方法有两种，包括通过 CSS3 实现动画特效和通过 jQuery 实现动画特效。

5.1.1　通过 CSS 实现动画特效

　　通过 CSS 用户能够创建动画，实现网页特效，进而可以在许多网页中取代动画图片、Flash 动画以及 JavaScript 代码，CSS 中的动画需要用百分比来规定变化发生的时间，或使用关键词 from 和 to，这等同于 0% 和 100%，0% 是动画的开始，100% 是动画的完成。为了得到最佳的浏览器支持，用户需要始终定义 0% 和 100% 选择器。

　　下面通过 CSS 来实现 2D 动画变换效果。这里要使用 rotate() 方法，可以将一个网页元素按指定的角度添加旋转效果。如果指定的角度是正值，则网页元素按顺时针旋转；如果指定的角度为负值，则网页元素按逆时针旋转。

　　例如，将网页元素顺时针旋转 60 度，代码如下：

```
rotate(60 deg)
```

实例 1　通过 CSS 实现动画特效(案例文件：ch05\5.1.html)

```html
<!DOCTYPE html>
<html>
<head>
    <meta charset="UTF-8">
    <title>2D 旋转效果</title>
    <style type="text/css">
        div{
            margin:100px auto;
            width:200px;
            height:50px;
            background-color:#FFB5B5;
            border-radius:12px;
        }
        div:hover
        {
            -webkit-transform:rotate(-90deg);
            -moz-transform:rotate(-90deg); /* IE 9 */
            -o-transform:rotate(-90deg);
            transform:rotate(-90deg);
        }
    </style>
</head>
<body>
<div></div>
</body>
</html>
```

运行以上程序代码，结果如图 5-1 所示。将鼠标指针放到图像上，可以看出变换前后的不同效果，如图 5-2 所示。

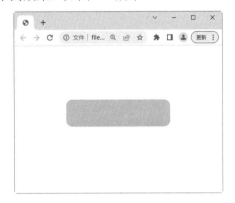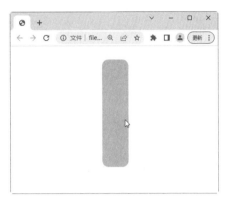

图 5-1　默认状态　　　　　　　　　　　图 5-2　鼠标经过时被变换

5.1.2　通过 jQuery 实现动画特效

基本的动画效果指的是元素的隐藏和显示。在 jQuery 中提供了两种控制元素隐藏和显示的方法，一种是分别隐藏和显示匹配元素，另一种是切换元素的可见状态。如果元素是可见的，切换为隐藏；如果元素是隐藏的，切换为可见。

实例 2　设计金币抽奖动画特效(案例文件：ch05\5.2.html)

```html
<!DOCTYPE html>
<html>
<head>
    <meta charset="UTF-8">
    <title>金币抽奖动画特效</title>
    <link href="css/animator.css" rel="stylesheet" />
    <style type="text/css">
        .main {
            width: 200px;
            margin: 0 auto;
        }
        .item1 {
            height: 150px;
            position: relative;
            padding: 30px;
            text-align: center;
            -webkit-transition: top 1.2s linear;
            transition: top 1.2s linear;
        }
        .item1 .kodai {
            position: absolute;
            bottom: 0;
            cursor: pointer;
        }
        .item1 .kodai .full {
            display: block;
        }
```

```
        .item1 .kodai .empty {
            display: none;
        }
        .item1 .clipped-box {
            display: none;
            position: absolute;
            bottom: 40px;
            left: 80px;
            height: 540px;
            width: 980px;
        }
        .item1 .clipped-box img {
            position: absolute;
            top: auto;
            left: 0;
            bottom: 0;
            -webkit-transition: -webkit-transform 1.4s ease-in, background
0.3s ease-in;
            transition: transform 1.4s ease-in;
        }
    </style>

</head>
<body style="padding:100px 0 0 0;">

<div class="main">
    <div class="item1">
        <div class="kodai">
            <img src="images/kd2.png" class="full" />
            <img src="images/kd1.png" class="empty" />
        </div>
        <div class="clipped-box"></div>
    </div>
    <p id="html"></p>
</div>
<script type="text/javascript" src="jquery.min.js"></script>
<script type="text/javascript" src="js/script.js"></script>
</div>
</body>
</html>
```

运行以上程序代码，结果如图 5-3 所示。单击图像，可以看出金币散落的抽奖效果，如图 5-4 所示。

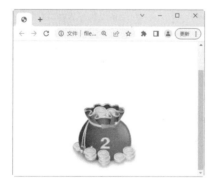

图 5-3　默认状态

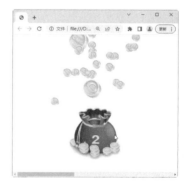

图 5-4　金币散落的抽奖效果

5.2 jQuery 的基本动画效果

显示与隐藏是 jQuery 实现的基本动画效果。在 jQuery 中，提供了两种显示与隐藏元素的方法，一种是分别显示和隐藏网页元素，一种是切换显示与隐藏元素。

5.2.1 隐藏元素

在 jQuery 中，使用 hide()方法来隐藏匹配元素，hide()方法相当于将元素的 CSS 样式属性 display 的值设置为 none。

1. 简单隐藏

在使用 hide()方法隐藏匹配元素的过程中，当 hide()方法不带有任何参数时，就实现了元素的简单隐藏，其语法格式如下：

```
hide()
```

例如，想要隐藏页面中的所有文本元素，就可以使用如下 jQuery 代码：

```
$("p").hide()
```

实例3 设计简单隐藏特效(案例文件：ch05\5.3.html)

```
<!DOCTYPE html>
<html>
<head>
    <meta charset="UTF-8">
    <title>设计简单隐藏特效</title>
    <script type="text/javascript" src="jquery.min.js"></script>
    <script type="text/javascript">
        $(document).ready(function(){
            $("p").click(function(){
                $(this).hide();
            });
        });
    </script>
</head>
<body>
<h1>寒菊 </h1>
<p>花开不并百花丛</p>
<p>独立疏篱趣未穷</p>
<p>宁可枝头抱香死</p>
<p>何曾吹落北风中</p>
</body>
</html>
```

以上代码的运行结果如图 5-5 所示，单击页面中的某个文本段，该文本段就会隐藏，如图 5-6 所示，这就实现了元素的简单隐藏动画效果。

图 5-5 默认状态

图 5-6 网页元素的简单隐藏

2. 部分隐藏

使用 hide()方法，除了可以对网页中的内容一次性全部进行隐藏外，还可以对网页内容进行部分隐藏。

实例4 隐藏部分网页元素(案例文件：ch05\5.4.html)

```html
<!DOCTYPE html>
<html>
<head>
    <meta charset="UTF-8">
    <title>网页元素的部分隐藏</title>
    <script type="text/javascript" src="jquery.min.js"></script>
    <script type="text/javascript">
        $(document).ready(function(){
            $(".ex .hide").click(function(){
                $(this).parents(".ex").hide();
            });
        });
    </script>
    <style type="text/css">
        div .ex
        {
            background-color: #e5eecc;
            padding: 7px;
            border: solid 1px #c3c3c3;
        }
    </style>
</head>
<body>
<h3>苹果</h3>
<div class="ex">
    <button class="hide" type="button">隐藏</button>
    <p>产品名称：苹果<br />
        价格：58 元一箱<br />
        库存：5600 箱</p>
</div>

<h3>香蕉</h3>
<div class="ex">
```

```
    <button class="hide" type="button">隐藏</button>
    <p>产品名称：香蕉<br />
        价格：69元一箱<br />
        库存：1900 箱</p>
</div>
</body>
</html>
```

以上代码的运行结果如图 5-7 所示，单击页面中的"隐藏"按钮，即可隐藏部分网页信息，如图 5-8 所示。

图 5-7　默认状态

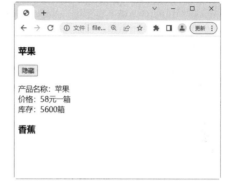

图 5-8　隐藏部分网页元素

3. 设置隐藏参数

带有参数的 hide()隐藏方式，可以实现不同方式的隐藏效果，具体的语法格式如下：

```
$(selector).hide(speed,callback);
```

参数含义说明如下。

(1) speed：可选的参数，规定隐藏的速度，可以取 slow、fast 或毫秒等参数。

(2) callback：可选的参数，规定隐藏完成后所执行的函数名称。

实例5　设置网页元素的隐藏参数(案例文件：ch05\5.5.html)

```
<!DOCTYPE html>
<html>
<head>
    <meta charset="UTF-8">
    <title>设置网页元素的隐藏参数</title>
    <script type="text/javascript" src="jquery.min.js"></script>
    <script type="text/javascript">
        $(document).ready(function(){
            $(".ex .hide").click(function(){
                $(this).parents(".ex").hide("slow");
            });
        });
    </script>
    <style type="text/css">
        div .ex
        {
```

```
            background-color: #e5eecc;
            padding: 7px;
            border: solid 1px #c3c3c3;
        }
    </style>
</head>
<body>
<h3>洗衣机</h3>
<div class="ex">
    <button class="hide" type="button">隐藏</button>
    <p>产地：北京<br />
        价格：5800 元<br />
        库存：5000 台</p>
</div>
<h3>冰箱</h3>
<div class="ex">
    <button class="hide" type="button">隐藏</button>
    <p>产地：上海<br />
        价格：8900<br />
        库存：1900</p>
</div>
</body>
</html>
```

以上代码的运行结果如图 5-9 所示，单击页面中的"隐藏"按钮，即可将下方的商品信息慢慢地隐藏起来，结果如图 5-10 所示。

图 5-9　默认状态

图 5-10　设置网页元素的隐藏参数

5.2.2　显示元素

使用 show()方法可以显示匹配的网页元素，show()方法有两种语法格式，一种是不带有参数的格式，一种是带有参数的格式。

1. 不带有参数的格式

不带有参数的格式，用以实现显示不带有任何效果的匹配元素，其语法格式如下：

```
show()
```

例如，想要显示页面中的所有文本元素，就可以使用如下 jQuery 代码：

```
$("p").show()
```

实例 6　显示或隐藏网页中的元素（案例文件：ch05\5.6.html）

```html
<!DOCTYPE html>
<html>
<head>
    <meta charset="UTF-8">
    <title>显示或隐藏网页中的元素</title>
    <script type="text/javascript" src="jquery.min.js"></script>
    <script type="text/javascript">
        $(document).ready(function(){
            $("#hide").click(function(){
                $("p").hide();
            });
            $("#show").click(function(){
                $("p").show();
            });
        });
    </script>
</head>
<body>
<p id="p1">高阁客竟去，小园花乱飞。</p>
<p id="p2">参差连曲陌，迢递送斜晖。</p>
<button id="hide" type="button">隐藏</button>
<button id="show" type="button">显示</button>
</body>
</html>
```

以上代码的运行结果如图 5-11 所示，单击页面中的"隐藏"按钮，就会将网页中的文字隐藏起来，结果如图 5-12 所示。单击"显示"按钮，可以再次显示隐藏起来的文字。

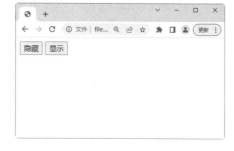

图 5-11　显示网页中的元素　　　　　图 5-12　隐藏网页中的元素

2. 带有参数的格式

带有参数的格式用来实现以直观简洁的动画方式显示网页中的元素，并在隐藏完成后可选择地触发一个回调函数，其语法格式如下：

```
$(selector).show(speed,callback);
```

参数含义说明如下。

(1) speed：可选的参数，规定显示的速度，可以取 slow、fast 或毫秒等参数。

(2) callback：可选的参数，规定显示完成后所执行的函数名称。

例如，想要在 300 毫秒内显示网页中的 p 元素，就可以使用如下 jQuery 代码：

```
$("p").show(300);
```

实例 7 在 6000 毫秒内显示或隐藏网页中的元素(案例文件：ch05\5.7.html)

```
<!DOCTYPE html>
<html>
<head>
    <meta charset="UTF-8">
    <title>显示或隐藏网页中的元素</title>
    <script type="text/javascript" src="jquery.min.js"></script>
    <script type="text/javascript">
        $(document).ready(function(){
            $("#hide").click(function(){
                $("p").hide("6000");
            });
            $("#show").click(function(){
                $("p").show("6000");
            });
        });
    </script>
</head>
<body>
<p id="p1">肠断未忍扫，眼穿仍欲归。</p>
<p id="p2">芳心向春尽，所得是沾衣。</p>
<button id="hide" type="button">隐藏</button>
<button id="show" type="button">显示</button>
</body>
</html>
```

以上代码的运行结果如图 5-13 所示，单击页面中的"隐藏"按钮，就会将网页中的文字在 6000 毫秒内慢慢隐藏起来，然后单击"显示"按钮，又可以将隐藏起来的文字在 6000 毫秒内慢慢地显示出来，结果如图 5-14 所示。

图 5-13 在 6000 毫秒内显示网页中的元素

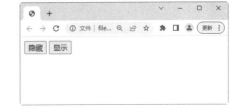

图 5-14 在 6000 毫秒内隐藏网页中的元素

5.2.3 状态切换

使用 toggle()方法可以切换元素的可见(显示与隐藏)状态。简单地说，就是当元素为显示状态时，使用 toggle()方法可以将其隐藏起来；反之，可以将其显示出来。

toggle()方法的语法格式如下：

```
$(selector).toggle(speed,callback);
```

参数含义说明如下。

(1) speed：可选的参数，规定隐藏/显示的速度，可以取 slow、fast 或毫秒等参数。

(2) callback：可选的参数，是 toggle()方法完成后所执行的函数名称。

实例 8 切换网页中的元素(案例文件：ch05\5.8.html)

```html
<!DOCTYPE html>
<html>
<head>
    <meta charset="UTF-8">
    <title>切换网页中的元素</title>
    <script type="text/javascript" src="jquery.min.js"></script>
    <script type="text/javascript">
        $(document).ready(function(){
            $("button").click(function(){
                $("p").toggle();
            });
        });
    </script>
</head>
<body>
<h2>暮江吟</h2>
<p>一道残阳铺水中，半江瑟瑟半江红。</p>
<p>可怜九月初三夜，露似真珠月似弓。</p>
<button type="button">切换</button>
</body>
</html>
```

以上代码的运行结果如图 5-15 所示，单击页面中的"切换"按钮，可以实现网页文字段落显示与隐藏的切换效果。

图 5-15　切换(隐藏/显示)网页中的元素

5.3　淡入淡出的动画效果

通过 jQuery 可以实现元素的淡入淡出动画效果，实现淡入淡出效果的方法主要有 fadeIn()、fadeOut()、fadeToggle()、fadeTo()。

5.3.1　淡入隐藏元素

fadeIn()是通过增大不透明度来实现匹配元素淡入效果的方法，该方法的语法格式如下：

```
$(selector).fadeIn(speed,callback);
```

参数说明如下。

(1) speed：可选的参数，规定淡入效果的时长，可以取 slow、fast 或毫秒等参数。

(2) callback：可选的参数，是 fadeIn()方法完成后所执行的函数名称。

实例 9 以不同效果淡入网页中的矩形(案例文件：ch05\5.9.html)

```html
<!DOCTYPE html>
<html>
<head>
    <meta charset="UTF-8">
    <title>淡入隐藏元素</title>
    <script type="text/javascript" src="jquery.min.js"></script>
    <script type="text/javascript">
        $(document).ready(function(){
            $("button").click(function(){
                $("#div1").fadeIn();
                $("#div2").fadeIn("slow");
                $("#div3").fadeIn(3000);
            });
        });
    </script>
</head>
<body>
<h3>以不同参数方式淡入网页元素</h3>
<button>单击按钮，使矩形以不同的方式淡入</button><br><br>
<div id="div1"
    style="width:80px;height:80px;display:none;background-color:red;">
</div><br>
<div id="div2"
    style="width:80px;height:80px;display:none;background-color:green;">
</div><br>
<div id="div3"
    style="width:80px;height:80px;display:none;background-color:blue;">
</div>
</body>
</html>
```

以上代码的运行结果如图 5-16 所示，单击页面中的按钮，网页中的矩形会以不同的方式淡入显示，结果如图 5-17 所示。

图 5-16　默认状态

图 5-17　以不同效果淡入网页中的矩形

5.3.2　淡出可见元素

fadeOut()是通过减小不透明度来实现匹配元素淡出效果的方法，fadeOut()方法的语法格式如下：

```
$(selector).fadeOut(speed,callback);
```

参数说明如下。

(1)　speed：可选的参数，规定淡出效果的时长，可以取 slow、fast 或毫秒等参数。

(2)　callback：可选的参数，是 fadeOut()方法完成后所执行的函数名称。

实例 10　以不同效果淡出网页中的矩形(案例文件：ch05\5.10.html)

```html
<!DOCTYPE html>
<html>
<head>
    <meta charset="UTF-8">
    <title>淡出可见元素</title>
    <script type="text/javascript" src="jquery.min.js"></script>
    <script type="text/javascript">
        $(document).ready(function(){
            $("button").click(function(){
                $("#div1").fadeOut();
                $("#div2").fadeOut("slow");
                $("#div3").fadeOut(3000);
            });
        });
    </script>
</head>
<body>
<h3>以不同参数方式淡出网页元素</h3>
<div id="div1" style="width:80px;height:80px;background-
color:red;"></div>
<br>
<div id="div2" style="width:80px;height:80px;background-color:green;">
</div><br>
<div id="div3" style="width:80px;height:80px;background-
color:blue;"></div><br />
<button>淡出矩形</button>
</body>
</html>
```

以上代码的运行结果如图 5-18 所示，单击页面中的"淡出矩形"按钮，网页中的矩形就会以不同的方式淡出，结果如图 5-19 所示。

图 5-18　默认状态　　　　　　　图 5-19　矩形以不同的效果淡出网页

5.3.3　切换淡入淡出元素

　　fadeToggle()方法可以在 fadeIn()与 fadeOut()方法之间进行切换。也就是说，如果元素已淡出，则 fadeToggle()会向元素添加淡入效果；如果元素已淡入，则 fadeToggle()会向元素添加淡出效果。

　　fadeToggle()方法的语法格式如下

```
$(selector).fadeToggle(speed,callback);
```

　　参数说明如下。

　　(1)　speed：可选的参数，规定淡入淡出效果的时长，可以取 slow、fast 或毫秒等参数。

　　(2)　callback：可选的参数，是 fadeToggle()方法完成后所执行的函数名称。

实例 11　实现网页元素的淡入淡出效果(案例文件：ch05\5.11.html)

```
<!DOCTYPE html>
<html>
<head>
    <meta charset="UTF-8">
    <title>切换淡入淡出元素</title>
    <script type="text/javascript" src="jquery.min.js"></script>
    <script type="text/javascript">
        $(document).ready(function(){
            $("button").click(function(){
                $("#div1").fadeToggle();
                $("#div2").fadeToggle("slow");
                $("#div3").fadeToggle(3000);
            });
        });
    </script>
</head>
<body>
<p>以不同参数方式淡入淡出网页元素</p>
```

```
<button>淡入淡出矩形</button><br /><br />
<div id="div1" style="width:80px;height:80px;background-color:red;">
</div><br />
<div id="div2" style="width:80px;height:80px;background-color:green;">
</div><br />
<div id="div3" style="width:80px;height:80px;background-color:blue;">
</div>
</body>
</body>
</html>
```

以上代码的运行结果如图 5-20 所示，单击按钮，网页中的矩形就会以不同的方式淡入淡出。

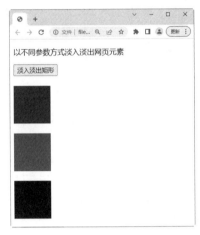

图 5-20　切换淡入淡出效果

5.3.4　淡入淡出元素至指定数值

使用 fadeTo()方法可以将网页元素淡入/淡出至指定不透明度，不透明度的值为 0~1。fadeTo()方法的语法格式如下：

```
$(selector).fadeTo(speed,opacity,callback);
```

参数说明如下。

(1) speed：可选的参数，规定淡入淡出效果的时长，可以取 slow、fast 或毫秒等参数。

(2) opacity：必需的参数，参数将淡入淡出效果设置为给定的不透明度(0~1)。

(3) callback：可选的参数，是该函数完成后所执行的函数名称。

实例 12 实现网页元素淡出至指定数值(案例文件：ch05\5.12.html)

```
<!DOCTYPE html>
<html>
<head>
    <meta charset="UTF-8">
    <title>淡入淡出元素至指定数值</title>
    <script type="text/javascript" src="jquery.min.js"></script>
    <script type="text/javascript">
```

```
        $(document).ready(function(){
            $("button").click(function(){
                $("#div1").fadeTo("slow",0.6);
                $("#div2").fadeTo("slow",0.4);
                $("#div3").fadeTo("slow",0.7);
            });
        });
    </script>
</head>
<body>
<p>以不同参数方式淡出网页元素</p>
<button>单击按钮，使矩形以不同的方式淡出至指定参数</button>
<br ><br />
<div id="div1" style="width:80px;height:80px;background-color:red;"></div>
<br>
<div id="div2" style="width:80px;height:80px;background-color:green;"></div>
<br>
<div id="div3" style="width:80px;height:80px;background-color:blue;"></div>
</body>
</html>
```

以上代码的运行结果如图 5-21 所示，单击页面中的按钮，网页中的矩形就会以不同的方式淡出至指定参数值。

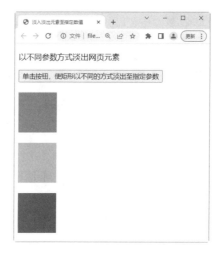

图 5-21　淡出至指定数值

5.4　滑　动　效　果

通过 jQuery，可以在元素上创建滑动效果。jQuery 中用于创建滑动效果的方法有 slideDown()、slideUp()、slideToggle()。

5.4.1　滑动显示匹配的元素

使用 slideDown()方法可以向下增加元素高度，动态显示匹配的元素。slideDown()方法会逐渐向下增加匹配的隐藏元素的高度，直到元素完全显示为止。

slideDown()方法的语法格式如下：

```
$(selector).slideDown(speed,callback);
```

参数说明如下。

(1) speed：可选的参数，规定效果的时长，可以取 slow、fast 或毫秒等参数。

(2) callback：可选的参数，是滑动完成后所执行的函数名称。

实例 13　滑动显示网页元素(案例文件：ch05\5.13.html)

```html
<!DOCTYPE html>
<html>
<head>
    <meta charset="UTF-8">
    <title>滑动显示网页元素</title>
    <script type="text/javascript" src="jquery.min.js"></script>
    <script type="text/javascript">
        $(document).ready(function(){
            $(".flip").click(function(){
                $(".panel").slideDown("slow");
            });
        });
    </script>
    <style type="text/css">
        div.panel,p.flip
        {
            margin: 0px;
            padding: 5px;
            text-align: center;
            background: #e5eecc;
            border: solid 1px #c3c3c3;
        }
        div.panel
        {
            height: 200px;
            display: none;
        }
    </style>
</head>
<body>
<div class="panel">
    <h3>春日</h3>
    <p>一春略无十日晴，处处浮云将雨行。</p>
    <p>野田春水碧于镜，人影渡傍鸥不惊。</p>
    <p>桃花嫣然出篱笑，似开未开最有情。</p>
    <p>茅茨烟暝客衣湿，破梦午鸡啼一声。</p>
</div>
<p class="flip">显示古诗内容</p>
</body>
</html>
```

以上代码的运行结果如图 5-22 所示，单击页面中的"显示古诗内容"提示文字，网页中隐藏的元素就会以滑动的方式显示出来，结果如图 5-23 所示。

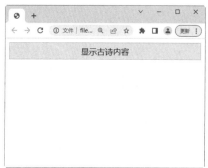

图 5-22　默认状态　　　　　　图 5-23　滑动显示网页元素

5.4.2　滑动隐藏匹配的元素

使用 slideUp()方法可以向上减少元素高度，动态隐藏匹配的元素。slideUp()方法会逐渐向上减少匹配的显示元素的高度，直到元素完全隐藏为止。slideUp()方法的语法格式如下：

```
$(selector).slideUp(speed,callback);
```

参数说明如下。

(1)　speed：可选的参数，规定效果的时长，可以取 slow、fast 或毫秒等参数。

(2)　callback：可选的参数，是滑动完成后所执行的函数名称。

实例 14　滑动隐藏网页元素(案例文件：ch05\5.14.html)

```html
<!DOCTYPE html>
<html>
<head>
    <meta charset="UTF-8">
    <title>滑动隐藏网页元素</title>
    <script src="jquery.min.js"></script>
    <script type="text/javascript">
        $(document).ready(function(){
            $(".flip").click(function(){
                $(".panel").slideUp("slow");
            });
        });
    </script>
    <style type="text/css">
        div.panel,p.flip
        {
            margin: 0px;
            padding: 5px;
            text-align: center;
            background: #e5eecc;
            border: solid 1px #c3c3c3;
        }
        div.panel
        {
            height: 200px;
```

```
        }
    </style>
</head>
<body>
<div class="panel">
    <h3>金陵怀古</h3>
    <p>潮满冶城渚，日斜征虏亭。</p>
    <p>蔡洲新草绿，幕府旧烟青。</p>
    <p>兴废由人事，山川空地形。</p>
    <p>后庭花一曲，幽怨不堪听。</p>
</div>
<p class="flip">隐藏古诗内容</p>
</body>
</html>
```

以上代码的运行结果如图 5-24 所示，单击页面中的"隐藏古诗内容"提示文字，网页中显示的元素就会以滑动的方式隐藏起来，结果如图 5-25 所示。

图 5-24　默认状态

图 5-25　滑动隐藏网页元素

5.4.3　通过高度的变化动态切换元素的可见性

通过 slideToggle()方法可以实现通过高度的变化动态切换元素的可见性。也就是说，如果元素是可见的，就通过减少高度使元素全部隐藏；如果元素是隐藏的，就可以通过增加高度使元素最终全部可见。

slideToggle()方法的语法格式如下：

```
$(selector).slideToggle(speed,callback);
```

参数说明如下。

(1) speed：可选的参数，规定效果的时长，可以取 slow、fast 或毫秒等参数。

(2) callback：可选的参数，是滑动完成后所执行的函数名称。

实例 15　通过高度的变化动态切换网页元素的可见性(案例文件：ch05\5.15.html)

```
<!DOCTYPE html>
<html>
<head>
    <meta charset="UTF-8">
    <title>显示与隐藏的切换</title>
```

```
<script type="text/javascript" src="jquery.min.js"></script>
<script type="text/javascript">
    $(document).ready(function(){
        $(".flip").click(function(){
            $(".panel"). slideToggle("slow");
        });
    });
</script>
<style type="text/css">
    div.panel,p.flip
    {
        margin: 0px;
        padding: 5px;
        text-align: center;
        background: #e5eecc;
        border: solid 1px #c3c3c3;
    }
    div.panel
    {
        height: 200px;
        display: none;
    }
</style>
</head>
<body>
<div class="panel">
    <h3>苏武庙</h3>
    <p>苏武魂销汉使前，古祠高树两茫然。</p>
    <p>云边雁断胡天月，陇上羊归塞草烟。</p>
    <p>回日楼台非甲帐，去时冠剑是丁年。</p>
    <p>茂陵不见封侯印，空向秋波哭逝川。</p>
</div>
<p class="flip">显示与隐藏的切换</p>
</body>
</html>
```

以上代码的运行结果如图 5-26 所示，单击页面中的"显示与隐藏的切换"提示文字，网页中显示的元素就可以在显示与隐藏之间进行切换，结果如图 5-27 所示。

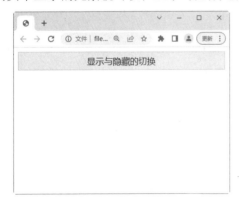

图 5-26　默认状态　　　　图 5-27　通过高度的变化动态切换网页元素的可见性

5.5　自定义的动画效果

若程序预设的动画效果不能满足用户的需求，就需要采取高级的自定义动画来解决这个问题。在 jQuery 中，主要使用 animate()方法创建自定义动画，使用 stop()方法停止动画。

5.5.1　创建自定义动画

使用 animate()方法创建自定义动画的方法更加自由，可以随意控制动画中的元素，实现更为绚丽的动画效果。animate()方法的基本语法格式如下：

```
$(selector).animate({params},speed,callback);
```

参数说明如下。

(1) params：必需的参数，定义形成动画的 CSS 属性。

(2) speed：可选的参数，规定效果的时长，可以取 slow、fast 或毫秒等参数。

(3) callback：可选的参数，是动画完成后所执行的函数名称。

　默认情况下，所有 HTML 元素都有一个静态位置，且无法移动。如需对位置进行操作，要记得首先把元素的 CSS position 属性设置为 relative、fixed 或 absolute。

实例 16　创建自定义动画效果(案例文件：ch05\5.16.html)

```html
<!DOCTYPE html>
<html>
<head>
    <meta charset="UTF-8">
    <title>自定义动画效果</title>
    <script type="text/javascript" src="jquery.min.js"></script>
    <script type="text/javascript">
        $(document).ready(function(){
            $("button").click(function(){
                var div = $("div");
                div.animate({left:'100px'},"slow");
                div.animate({fontSize:'4em'},"slow");
            });
        });
    </script>
</head>
<body>
<button>开始动画</button>
<div style="background:#F2861D;height:80px;width:300px;position:absolute;">
滕王阁序</div>
</body>
</html>
```

以上代码的运行结果如图 5-28 所示，单击页面中的"开始动画"按钮，网页中显示的元素就会以设定的动画效果运行，如图 5-29 所示。

图 5-28 默认状态

图 5-29 自定义动画效果

5.5.2 停止动画

stop()方法用于停止动画或效果。stop()方法适用于所有 jQuery 效果函数,包括滑动、淡入淡出和自定义动画。默认地,stop()会清除被选元素上指定的当前动画。

stop()方法的语法格式如下:

```
$(selector).stop(stopAll,goToEnd);
```

参数说明如下。

(1) stopAll:可选的参数,规定是否应该清除动画队列。默认是 false,即仅停止活动的动画,允许任何排入队列的动画向后执行。

(2) goToEnd:可选的参数,规定是否立即完成当前动画。默认是 false。

实例 17 停止动画效果(案例文件:ch05\5.17.html)

```html
<!DOCTYPE html>
<html>
<head>
    <meta charset="UTF-8">
    <title>停止动画效果</title>
    <script type="text/javascript" src="jquery.min.js"></script>
    <script type="text/javascript">
        $(document).ready(function(){
            $("#flip").click(function(){
                $("#panel").slideDown(5000);
            });
            $("#stop").click(function(){
                $("#panel").stop();
            });
        });
    </script>
    <style type="text/css">
        #panel,#flip
        {
            padding: 5px;
            text-align: center;
            background-color: #e5eecc;
            border: solid 1px #c3c3c3;
        }
        #panel
        {
```

```
            padding: 60px;
            display: none;
        }
    </style>
</head>
<body>
<button id="stop">停止滑动</button>
<div id="flip">显示古诗内容</div>
<div id="panel">
    <h3>姑苏怀古</h3>
    <p>夜暗归云绕柁牙，江涵星影鹭眠沙。</p>
    <p>行人怅望苏台柳，曾与吴王扫落花。</p>
</div>
</body>
</html>
```

以上代码的运行结果如图 5-30 所示，单击页面中的"显示古诗内容"提示文字，下面的网页元素开始慢慢滑动以显示隐藏的元素，在滑动的过程中，如果想要停止滑动，可以单击"停止滑动"按钮。

图 5-30　停止动画效果

5.6　上机练习

练习 1：设计滑动显示商品详细信息的动画特效

本练习要求设计滑动商品详情的动画特效，程序运行结果如图 5-31 所示。将鼠标放在商品图片上，即可滑动显示商品的详细信息，效果如图 5-32 所示。

图 5-31　初始结果

图 5-32　滑动显示商品的详细信息

练习2：设计电商网站左侧的分类菜单

本练习要求设计电商网站左侧的分类菜单，程序运行结果如图 5-33 所示。将鼠标放在左侧的任何一个商品分类上，即可自动弹出商品细分类别的菜单，如图 5-34 所示。

图 5-33　初始结果　　　　　　　　　图 5-34　商品细分类别的菜单

第 6 章

jQuery 的功能函数

　　jQuery 提供了很多功能函数，熟悉和使用这些功能函数，不仅能够快速完成各种功能，而且还会让代码非常简洁，从而提高项目开发的效率。本章重点学习功能函数的概念，常用功能函数的使用方法，调用外部代码的方法等。

6.1　功能函数概述

　　jQuery 将常用的功能函数进行了总结和封装，这样用户在使用时，直接调用即可，不仅方便了开发者使用，而且大大提高了开发的效率。jQuery 提供的这些实现常用功能的函数，被称作功能函数。

　　例如，开发人员经常需要对数组和对象进行操作，jQuery 就提供了对元素进行遍历、筛选和合并等操作的函数。

实例 1　对数组进行合并操作(案例文件：ch06\6.1.html)

```html
<!DOCTYPE html>
<html>
<head>
    <meta charset="UTF-8">
    <title>合并数组 </title>
    <script type="text/javascript" src="jquery.min.js"></script>
    <script type="text/javascript">
        $(function(){
            var first = ['苹果','香蕉','橘子'];
            var second = ['葡萄','柚子','橙子'];
            $("p:eq(0)").text("数组 a: " + first.join());
            $("p:eq(1)").text("数组 b: " + second.join());
            $("p:eq(2)").text("合并数组: "
                + ($.merge($.merge([],first), second)).join());
        });
    </script>
</head>
<body>
<p></p><p></p><p></p>
</body>
<html>
```

运行以上程序代码，结果如图 6-1 所示。

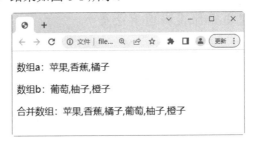

图 6-1　对数组进行合并操作

6.2　常用的功能函数

　　了解了功能函数的概念后，下面讲述常用功能函数的使用方法。

6.2.1 操作数组和对象

对于数组和对象的操作，主要包括元素的遍历、筛选和合并等。上一节中，讲述了数组的合并操作方法。

1. each()方法

jQuery 提供的 each()方法用于为每个匹配元素规定运行的函数。可以使用 each()方法来遍历数组和对象，其语法格式如下：

```
$.each(object,fn);
```

其中，object 是需要遍历的对象，fn 是一个函数，这个函数是所遍历的对象都需要执行的，它可以接收两个参数，一个是数组对象的属性或者元素的序号，另一个是属性或者元素的值。这里需要注意的是：jQuery 还提供了 $.each()，可以获取一些不熟悉对象的属性值。例如，若不清楚一个对象包含什么属性，就可以使用$.each()进行遍历。

实例 2 使用 each()方法遍历数组(案例文件：ch06\6.2.html)

```html
<!DOCTYPE html>
<html>
<head>
    <meta charset="UTF-8">
    <title>使用 each()方法遍历数组</title>
    <script type="text/javascript" src="jquery.min.js"></script>
    <script type="text/javascript">
        $(document).ready(function(){
            $("button").click(function(){
                $("li").each(function(){
                    alert($(this).text())
                });
            });
        });
    </script>
</head>
<body>
<button>按顺序输出古诗的内容</button>
<ul>
    <li>少年易老学难成</li>
    <li>一寸光阴不可轻</li>
    <li>未觉池塘春草梦</li>
</ul>
</body>
</html>
```

运行以上程序代码，单击"按顺序输出古诗的内容"按钮，弹出每个列表中的值，依次单击"确定"按钮，即可显示每个列表项的值，结果如图 6-2 所示。

图 6-2　显示每个列表项的值

2. grep()方法

jQuery 提供的 grep()方法用于数组元素过滤筛选，其语法格式如下：

```
grep(array,fn,invert)
```

其中，array 指待过滤数组；fn 是过滤函数，对于数组中的对象，如果返回值是 true，就保留，返回值是 false 就去除；invert 是可选项，当设置为 true 时 fn 函数取反，即满足条件的被剔除。

实例 3　使用 grep()方法筛选数组中的奇数(案例文件：ch06\6.3.html)

```html
<!DOCTYPE html>
<html>
<head>
    <meta charset="UTF-8">
    <title>使用 grep()方法过滤数组中的奇数</title>
    <script type="text/javascript" src="jquery.min.js"></script>
    <script type="text/javascript">
        var Array = [10,11,12,13,14,15,16,17,18];
        var Result = $.grep(Array,function(value){
            return (value % 2);
        });
        document.write("原数组: " + Array.join() + "<br />");
        document.write("过滤数组中的奇数: " + Result.join());
    </script>
</head>
<body>
</body>
</html>
```

运行以上程序代码，结果如图 6-3 所示。

图 6-3　筛选数组中的奇数

3. map()方法

jQuery 提供的 map()方法用于把每个元素通过函数传递到当前匹配集合中，生成包含返回值的新的 jQuery 对象。通过使用 map()方法，可以统一转换数组中的每个元素值。其使用的语法格式如下：

```
$.map(array,fn)
```

其中，array 是需要转化的目标数组，fn 显然就是转化函数，这个 fn 的作用就是对数组中的每一项都执行转化，它接收两个可选参数，一个是元素的值，另一个是元素的序号。

实例 4　使用 map()方法(案例文件：ch06\6.4.html)

本案例将使用 map()方法筛选并修改数组中的值，如果数组的值大于 10，则将该元素值加上 10，否则将其删除。

```html
<!DOCTYPE html>
<html>
<head>
    <meta charset="UTF-8">
    <title>使用 map()方法筛选并修改数组的值</title>
    <script type="text/javascript" src="jquery.min.js"></script>
    <script type="text/javascript">
        $(function(){
            var arr1 = [7,9,10,15,12,19,5,4,18,26,88];
            arr2 = $.map(arr1,function(n){
                //原数组中大于10 的元素加 10 ，否则删除
                return n > 10 ? n + 10 : null;
            });
            $("p:eq(0)").text("原数组值: " + arr1.join());
            $("p:eq(1)").text("筛选并修改数组的值: " + arr2.join());
        });
    </script>
</head>
<body>
<p></p><p></p>
</body>
</html>
```

运行以上程序代码，结果如图 6-4 所示。

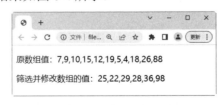

图 6-4　使用 map()方法示例

4. $.inArray()函数

jQuery 提供的$.inArray()函数很好地实现了数组元素的搜索功能。其语法格式如下：

```
$.inArray(value,array)
```

其中，value 是需要查找的对象，而 array 是数组本身，如果找到目标元素，就返回第一个元素所在位置，否则返回-1。

实例 5 　使用\$.inArray()函数搜索数组元素(案例文件：ch06\6.5.html)

```html
<!DOCTYPE html>
<html>
<head>
    <meta charset="UTF-8">
    <title>使用$.inArray()函数搜索数组元素</title>
    <script type="text/javascript" src="jquery.min.js"></script>
    <script type="text/javascript">
        $(function(){
            var arr = ["苹果", "香蕉", "橘子", "葡萄"];
            var add1 = $.inArray("香蕉",arr);
            var add2 = $.inArray("葡萄",arr);
            var add3 = $.inArray("西瓜",arr);
            $("p:eq(0)").text("数组: " + arr.join());
            $("p:eq(1)").text(""香蕉"的位置: " + add1);
            $("p:eq(2)").text(""葡萄"的位置: " + add2);
            $("p:eq(3)").text(""西瓜"的位置: " + add3);
        });
    </script>
</head>
<body>
<p></p><p></p><p></p><p></p>
</body>
</html>
```

运行以上程序代码，结果如图 6-5 所示。

图 6-5　使用\$.inArray()函数搜索数组元素

6.2.2　操作字符串

常用的字符串操作包括去除空格、替换和字符串的截取等。

1. trim()方法

使用 trim()方法可以去掉字符串开头和结尾的空格。

实例6 使用 trim()方法(案例文件：ch06\6.6.html)

```html
<!DOCTYPE html>
<html>
<head>
    <meta charset="UTF-8">
    <title>使用 trim()方法</title>
    <script type="text/javascript" src="jquery.min.js"></script>
</head>
<body>
<pre id="original"></pre>
<pre id="trimmed"></pre>
<script>
    var str = "            檐流未滴梅花冻，一种清孤不等闲。       ";
    $("#original").html("原始字符串: /" + str + "/");
    $("#trimmed").html("去掉首尾空格: /" + $.trim(str) + "/");
</script>
</body>
</html>
```

运行以上程序代码，结果如图 6-6 所示。

图 6-6 使用 trim()方法示例

2. substr()方法

使用 substr()方法可在字符串中抽取指定下标的字符串片段。

实例7 使用 substr()方法(案例文件：ch06\6.7.html)

```html
<!DOCTYPE html>
<html>
<head>
    <meta charset="UTF-8">
    <title>使用 substr()方法</title>
    <script type="text/javascript" src="jquery.min.js"></script>
    <script type="text/javascript">
        var str = "晨起开门雪满山，雪晴云淡日光寒。";
        document.write("原始内容: " + str);
        document.write("截取内容: " + str.substr(0,10));
    </script>
</head>
<body>
</body>
</html>
```

运行以上程序代码，结果如图 6-7 所示。

图 6-7 使用 substr()方法示例

3. replace()方法

使用 replace()方法在字符串中用一些字符替换另一些字符，或替换一个与正则表达式匹配的子串，结果返回一个字符串。其使用的语法格式如下：

```
replace(m,n):
```

其中，m 是要替换的目标，n 是替换后的新值。

实例 8 使用 replace()方法(案例文件：ch06\6.8.html)

```
<!DOCTYPE html>
<html>
<head>
    <meta charset="UTF-8">
    <title>使用 replace()方法</title>
    <script type="text/javascript" src="jquery.min.js"></script>
    <script type="text/javascript">
        var str = "本次采购的商品是：风云牌洗衣机和风云牌电视机";
        document.write(str);
        document.write(str.replace(/风云/g, "墨韵"));
    </script>
</head>
<body>
</body>
</html>
```

运行以上程序代码，结果如图 6-8 所示。

图 6-8 使用 replace()方法示例

6.2.3 序列化操作

jQuery 提供的 param(object)方法用于将表单元素数组或者对象序列化，返回值是 string。其中，数组或者 jQuery 对象会按照 name、value 进行序列化，普通对象会按照 key、value 进行序列化。

实例 9 使用 param(object)方法(案例文件：ch06\6.9.html)

```
<!DOCTYPE html>
<html>
<head>
```

```
<meta charset="UTF-8">
<title>序列化操作</title>
<script type="text/javascript" src="jquery.min.js"></script>
<script type="text/javascript">
    $(document).ready(function(){
        personObj = new Object();
        personObj.name = "Television";
        personObj.price = "7600";
        personObj.num = 12;
        personObj.eyecolor = "red";
        $("button").click(function(){
            $("div").text($.param(personObj));
        });
    });
</script>
</head>
<body>
<button>序列化对象</button>
<div></div>
</body>
</html>
```

运行以上程序代码，单击"序列化对象"按钮，结果如图 6-9 所示。

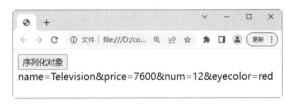

图 6-9　使用 param(object)方法示例

6.3　上机练习

练习 1：综合应用 each()方法

本练习要求使用 each()方法实现以下三个功能。

(1) 输出数组 ["苹果","香蕉","橘子","香梨"]的每一个元素。

(2) 输出二维数组[[100, 110, 120], [200, 210, 220], [300, 310, 320]]中每一个一维数组里的第一个值，输出结果为 100, 200 和 300。

(3) 输出{one:1000, two:2000, three:3000, four:4000}中每个元素的属性值，输出结果为1000, 2000, 3000 和 4000。

程序代码的运行结果如图 6-10 所示。

练习 2：综合应用 grep()方法

本练习要求使用 grep()方法实现过滤数组的功能。输出为两次过滤的结果。过滤的原始数组为[1, 2, 3, 4, 6, 8, 10, 20, 30, 88,35, 86, 88, 99, 88]。

(1) 第一次过滤出原始数组中值不为 10，并且索引值大于 5 的元素。

(2) 第二次过滤是在第一次过滤的基础上再次过滤掉值为 880 的元素。

程序代码的运行结果如图 6-11 所示。

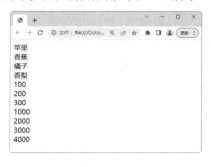

图 6-10　综合应用 each()方法

图 6-11　综合应用 grep()方法

第 7 章

jQuery 插件的应用与开发

　　虽然 jQuery 库提供的功能可以满足大部分的应用需求，但是对于一些特定的需求，需要开发人员使用或创建 jQuery 插件来扩充 jQuery 的功能，这就是 jQuery 具有的强大的扩展功能。通过使用插件可以提高项目的开发效率，解决人力成本问题。本章将重点学习 jQuery 插件的应用与开发方法。

7.1 理 解 插 件

在学习插件之前，用户需要了解插件的基本概念。

7.1.1 什么是插件

编写插件的目的是给已有的一系列方法或函数做一个封装，以便在其他地方重复使用，方便后期维护。随着 jQuery 的广泛使用，已经出现了大量的 jQuery 插件，如 thickbox、iFX、jQuery-googleMap 等，简单地引用这些源文件就可以使用这些插件。

jQuery 除了提供一个简单、有效的方式来管理元素以及脚本外，还提供了添加方法和额外功能到核心模块的机制。通过这种机制，jQuery 允许用户创建属于自己的插件，提高开发效率。

7.1.2 从哪里获取插件

jQuery 官方网站有很多现成的插件，在官方主页中单击 Plugins 超链接，即可在打开的页面中查看和下载 jQuery 提供的插件，如图 7-1 所示。

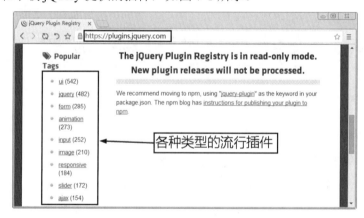

图 7-1　插件下载页面

7.1.3 如何使用插件

由于 jQuery 插件其实就是 JavaScript 包，所以使用方法比较简单，基本步骤如下。

01 将下载的插件或者自定义的插件放在主目录的 jQuery 源文件下，然后在<head>标记中引用插件的 JavaScript 文件和 jQuery 库文件。

02 包含一个自定义的 JavaScript 文件，并在其中使用插件创建的方法。

下面以常用的 jQuery Form 的插件为例，简单介绍如何使用插件。

01 从 jQuery 官方网站下载 jquery.form.js 文件，然后放在网站目录下。

02 在页面中创建一个普通的 Form，代码如下：

```
<form id="myForm" action="comment.aspx" method="post">
    用户名: <input type="text" name="name" />
    评论: <textarea name="comment"></textarea>
    <input type="submit" value="Submit Comment" />
</form>
```

上述代码的 Form 和普通页面里面的 Form 没有任何区别，也没有用到任何特殊的元素。

03 在 Head 部分引入 jQuery 库和 Form 插件库文件，然后在合适的 JavaScript 区域使用插件提供的功能即可。

7.2　流行的 jQuery 插件

本节介绍几个流行的 jQuery 插件，包括 jQueryUI 插件、Form 插件、提示信息插件和 jcarousel 插件。

7.2.1　jQueryUI 插件

jQueryUI 是一个基于 jQuery 的用户界面开发库，主要由 UI 小部件和 CSS 样式表集合而成，它们被打包到一起，以完成常规的任务。

jQueryUI 插件的下载地址为 http://jqueryui.com/download/。在下载 jQueryUI 包时，还需要注意其他一些文件。development-bundle 目录下包含 demonstrations 和 documentation，它们虽然有用，但不是产品环境下部署所必需的。但是，在 css 和 js 目录下的文件，必须部署到 Web 应用程序中。js 目录包含 jQuery 和 jQueryUI 库；而 css 目录包括 CSS 文件和所有生成小部件和样式表所需的图片。

jQueryUI 插件主要可以实现鼠标互动，包括拖曳、排序、选择和缩放等，另外还有折叠菜单、日历、对话框、滑动条、表格排序、页签、放大镜效果和阴影效果等。

下面介绍两种常用的 jQueryUI 插件。

1. 鼠标拖曳页面板块

jQueryUI 提供的 API 极大地简化了拖曳功能的开发，只需要分别在拖曳源(source)和目标(target)上调用 draggable()函数即可。

draggable()函数可以接收很多参数，以完成不同的页面需求，如表 7-1 所示。

表 7-1　draggable()参数表

参　数	描　述
helper	默认，即运行的是 draggable()方法本身，当设置为 clone 时，以复制的形式进行拖曳
handle	拖曳的对象是块中子元素
start	拖曳启动时的回调函数
stop	拖曳结束时的回调函数
drag	在拖曳过程中的执行函数
axis	拖曳的控制方向(如，以 x,y 轴为方向)

参　数	描　述
containment	限制拖曳的区域
grid	限制对象移动的步长，如 grid[80,60]，表示每次横向移动 80 像素，每次纵向移动 60 像素
opacity	对象在拖曳过程中的透明度设置
revert	拖曳后自动回到原处，则设置为 true，否则为 false
dragPrevention	子元素不触发拖曳的元素

实例 1　鼠标拖曳页面板块(案例文件：ch07\7.1.html)

```html
<!DOCTYPE html>
<html>
<head>
    <title>实现拖曳功能</title>
    <style type="text/css">
        <!--
        .block{
            border:2px solid #760022;
            background-color:#ffb5bb;
            width:80px; height:25px;
            margin:5px; float:left;
            padding:20px; text-align:center;
            font-size:14px;

        }
        -->
    </style>
    <script language="javascript" src="jquery.js"></script>
    <script language="javascript" src="ui.base.min.js"></script>
    <script language="javascript" src="ui.draggable.min.js"></script>
    <script language="javascript">
        $(function(){
            for(var i=0;i<3;i++){  //添加 4 个<div>块
                $(document.body).append($("<div class='block'>拖块"
+i.toString()+"</div>").css ("opacity",0.6));
            }
            $(".block").draggable();
        });
    </script>
</head>
<body>
</body>
</html>
```

　　运行以上程序代码，结果如图 7-2 所示，按住拖块，即可拖曳到指定的位置，效果如图 7-3 所示。

图 7-2　初始状态

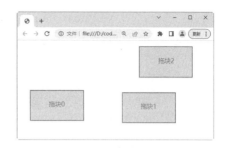

图 7-3　实现了拖曳功能

2. 实现拖入购物车功能

jQueryUI 插件除了提供 draggable()来实现鼠标的拖曳功能外，还提供了一个 droppable()
方法实现接收容器。

droppable()函数可以接收很多参数，以完成不同的页面需求，如表 7-2 所示。

表 7-2　droppable()参数表

参　　数	描　　述
accept	如果是函数，对页面中所有的 droppable()对象执行，返回值为布尔值；如果是字符串，允许接收 jQuery 选择器
activeClass	如果设置值，当有拖曳事件发生时，为页面上所有允许(accept)的元素添加此样式
hoverClass	对象进入容器时，容器的 CSS 样式
tolerance	设置进入容器的状态(有 fit、intersect、pointer、touch)
active	对象开始被拖曳时调用的函数
deactive	当可接收对象不再被拖曳时调用的函数
over	当对象经过容器时调用的函数
out	当对象被拖曳出容器时调用的函数
drop	当可以接收的对象被拖曳进入容器时调用的函数

实例2 创建拖曳购物车效果(案例文件：ch07\7.2.html)

```
<!DOCTYPE html>
<html>
<head>
    <title>拖曳购物车效果</title>
    <style type="text/css">
        <!--
        .draggable{
            width:70px; height:40px;
            border:2px solid;
            padding:10px; margin:5px;
            text-align:center;
        }
        .green{
            background-color:#73d216;
            border-color:#4e9a06;
        }
```

```
        .red{
            background-color:#ef2929;
            border-color:#cc0000;
        }
        .droppable {
            position:absolute;
            right:20px; top:20px;
            width:300px; height:300px;
            background-color:#b3a233;
            border:3px double #c17d11;
            padding:5px;
            text-align:center;
        }
        -->
    </style>
    <script language="javascript" src="jquery.js"></script>
    <script language="javascript" src="ui.base.min.js"></script>
    <script language="javascript" src="ui.draggable.min.js"></script>
    <script language="javascript" src="ui.droppable.min.js"></script>
    <script language="javascript">
        $(function(){
            $(".draggable").draggable({helper:"clone"});
            $("#droppable-accept").droppable({
                accept: function(draggable){
                    return $(draggable).hasClass("green");
                },
                drop: function(){
                    $(this).append($("<div></div>").html("成功添加到购物车！"));
                }
            });
        });
    </script>
</head>
<body>
<div class="draggable red">冰箱</div>
<div class="draggable green">空调</div>
<div id="droppable-accept" class="droppable">购物车<br></div>
</body>
</html>
```

运行以上程序代码，选择需要拖曳的拖块，按下鼠标左键，将其拖曳到右侧的购物车区域，即可显示"成功添加到购物车！"信息，效果如图 7-4 所示。

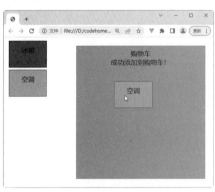

图 7-4　创建拖曳购物车效果

7.2.2　Form 插件

jQuery Form 插件是一个优秀的 Ajax 表单插件，可以非常容易地使 HTML 表单支持 Ajax。jQuery Form 有两个核心方法：ajaxForm()和 ajaxSubmit()，它们集合了从控制表单元素到决定如何管理提交进程的功能。另外，插件还包括其他的一些方法，如 formToArray()、formSerialize()、fieldSerialize()、fieldValue()、clearForm()、clearFields()和 resetForm()等。

1. ajaxForm()

ajaxForm()方法适用于以提交表单方式处理数据，需要在表单中标明表单的 action、id、method 属性，最好在表单中提供 submit 按钮。此方式大大简化了使用 Ajax 提交表单时的数据传递问题，不需要逐个地以 JavaScript 的方式获取每个表单属性的值，并且也不需要通过 url 重写的方式传递数据。ajaxForm()会自动收集当前表单中每个属性的值，然后以提交表单的方式提交到目标 url。这种方式提交数据较安全，并且使用简单，不需要冗余的 JavaScript 代码。

使用时，需要在 document 对象的 ready 函数中使用 ajaxForm()来为 Ajax 提交表单进行准备。ajaxForm()接收 0 个或 1 个参数。参数既可以是一个回调函数，也可以是一个 Options 对象。代码如下：

```javascript
<script language="javascript">
    $(document).ready(function() {
      // 给 myFormId 绑定一个回调函数
      $('#myFormId').ajaxForm(function() {
        alert("成功提交!");
      });
    });
</script>
```

2. ajaxSubmit()

ajaxSubmit()方法适用于以事件机制提交表单，如通过超链接、图片的 click 事件等提交表单。此方法的作用与 ajaxForm()类似，但更为灵活，因为它依赖于事件机制，只要有事件存在就能使用该方法。使用时只需要指定表单的 action 属性即可，不需提供 submit 按钮。

在使用 jQuery 的 Form 插件时，多数情况下调用 ajaxSubmit()来响应用户提交表单。ajaxSubmit()接收 0 个或 1 个参数。这个参数既可以是一个回调函数，也可以是一个 options 对象。一个简单的例子如下：

```javascript
<script language="javascript">
    $(document).ready(function(){
        $('#btn').click(function(){
            $('#registerForm').ajaxSubmit(function(data){
                alert(data);
            });
            return false;
        });
    });
</script>
```

上述代码通过表单中 id 为 btn 的按钮的 click 事件触发，并通过 ajaxSubmit()方法以异步 Ajax 方式提交表单到表单的 action 所指路径。

简单地说，通过 Form 插件的这两个核心方法，可以在不修改表单的 HTML 代码结构的情况下，轻易地将表单的提交方式升级为 Ajax 提交方式。当然，Form 插件还拥有很多方法，这些方法可以帮助用户很容易地管理表单数据和表单提交。

7.2.3 提示信息插件

在网站开发过程中，有时想要实现对于一篇文章中关键词部分的提示，也就是当鼠标移动到这个关键词时，弹出相关的一段文字或图片介绍。这就需要使用 jQuery 的 clueTip 插件来实现。

clueTip 是一个 jQuery 工具提示插件，可以方便地为链接或其他元素添加 Tooltip 功能。当链接包括 title 属性时，它的内容将变成 clueTip 的标题。clueTip 中显示的内容可以通过 Ajax 获取，也可以从当前页面的元素中获取。

使用的具体操作步骤如下。

01 引入 jQuery 库和 clueTip 插件的 js 文件。插件的下载地址如下：

```
http://plugins.learningjquery.com/cluetip/demo/
```

引用插件的.js 文件如下：

```
<link rel="stylesheet" href="jquery.cluetip.css" type="text/css" />
<script src="jquery.min.js" type="text/javascript"></script>
<script src="jquery.cluetip.js" type="text/javascript"></script>
```

02 建立 HTML 结构，格式如下：

```
<!-- use ajax/ahah to pull content from fragment.html: -->
<p>
<a class="tips" href="fragment.html"
  rel="fragment.html">show me the cluetip!</a>
</p>
<!-- use title attribute for clueTip contents, but don't include
anything in the clueTip's heading -->
<p>
<a id="houdini" href="houdini.html"
  title="|Houdini was an escape artist.
  |He was also adept at prestidigitation.">Houdini</a>
</p>
```

03 初始化插件，代码如下：

```
$(document).ready(function() {
$('a.tips').cluetip();
$('#houdini').cluetip({
    //使用调用元素的 title 属性来填充 clueTip，在有"|"的地方将内容分裂成独立的 div
splitTitle: '|',
showTitle: false     //隐藏 clueTip 的标题
});
});
```

7.2.4　jcarousel 插件

jcarousel 是一款 jQuery 插件，用来控制水平或垂直排列的列表项。例如，图 7-5 所示的滚动切换效果。单击左右两侧的箭头，可以向左或者向右查看图片。当到达第一张图片时，左边的箭头变为不可用状态，当到达最后一张图片时，右边的箭头变为不可用状态。

图 7-5　图片滚动切换效果

使用的相关代码如下：

```
<script type="text/javascript" src="../lib/jquery.pack.js"></script>
<script type="text/javascript"
  src="../lib/jquery.jcarousel.pack.js"></script>
<link rel="stylesheet" type="text/css"
  href="../lib/jquery.jcarousel.css" />
<link rel="stylesheet" type="text/css" href="../skins/tango/skin.css" />
<script type="text/javascript">
jQuery(document).ready(function() {
jQuery('#mycarousel').jcarousel();
});
```

7.3　自定义插件

除了可以使用现成的插件以外，用户还可以自定义插件。

7.3.1　插件的工作原理

jQuery 插件的机制很简单，就是利用 jQuery 提供的 jQuery.fn.extend()和 jQuery.extend()方法扩展 jQuery 的功能。知道了插件的机制之后，编写插件就容易了，只要按照插件的机制和功能要求编写代码，就可以实现自定义功能的插件。

要按照机制编写插件，还需要了解插件的种类，插件一般分为三类：封装对象方法、封装全局函数和选择器插件。

1. 封装对象方法

这种插件是将对象方法封装起来，用于对通过选择器获取的 jQuery 对象进行操作，是最常见的一种插件。此类插件可以发挥出 jQuery 选择器的强大优势，有相当一部分 jQuery 的方法都是在 jQuery 脚本库内部通过这种形式"插"在内核上的，如 parent()方法、appendTo()方法等。

2. 封装全局函数

可以将独立的函数添加到 jQuery 命名空间下。添加一个全局函数，只需做如下定义：

```
jQuery.foo = function() {
    alert('这是函数的具体内容.');
};
```

当然，用户也可以添加多个全局函数：

```
jQuery.foo = function() {
    alert('这是函数的具体内容.');
};
jQuery.bar = function(param) {
    alert('这是另外一个函数的具体内容".');
};
```

调用时与函数是一样的：jQuery.foo()、jQuery.bar()或者$.foo()、$.bar('bar')。

例如，常用的 jQuery.ajax()方法、去首尾空格的 jQuery.trim()方法都是 jQuery 内部作为全局函数的插件附加到内核上的。

3. 选择器插件

虽然 jQuery 的选择器十分强大，但在少数情况下，还是需要使用选择器插件来扩充一些自己喜欢的选择器。

jQuery.fn.extend()多用于扩展上面提到的 3 种类型中的第一种，jQuery.extend()用于扩展后两种插件。这两个方法都接收一个类型为 Object 的参数。Object 对象的"名/值"对分别代表"函数或方法名/函数主体"。

7.3.2　自定义一个简单的插件

下面通过一个例子来讲解如何自定义一个插件。定义的插件功能是：当鼠标在列表项上移动时，其背景颜色会根据设定的颜色而改变。

实例 3　鼠标拖曳页面板块(案例文件：ch07\7.3.html 和 7.3.js)

首先创建一个插件文件 7.3.js，代码如下：

```
/// <reference path="jquery.min.js"/>
/*-------------------------------------------------------------/
功能：设置列表表项获取鼠标焦点时的背景色
参数：li_col【可选】 鼠标所在表项行的背景色
返回：原调用对象
示例：$("ul").focusColor("red");
/-------------------------------------------------------------*/
; (function($) {
  $.fn.extend({
      "focusColor": function(li_col) {
          var def_col = "#ccc"; //默认获取焦点的色值
          var lst_col = "#fff"; //默认丢失焦点的色值
          //如果设置的颜色不为空，使用设置的颜色，否则为默认色
```

```
              li_col = (li_col == undefined) ? def_col : li_col;
              $(this).find("li").each(function() { //遍历表项<li>中的全部元素
                  $(this).mouseover(function() { //获取鼠标焦点事件
                      $(this).css("background-color", li_col); //使用设置的颜色
                  }).mouseout(function() { //鼠标焦点移出事件
                      $(this).css("background-color", "#fff"); //恢复原来的颜色
                  })
              })
              return $(this); //返回 jQuery 对象, 保持链式操作
          }
      });
})(jQuery);
```

不考虑实际的处理逻辑时，该插件的框架如下：

```
; (function($) {
  $.fn.extend({
      "focusColor": function(li_col) {
          //各种默认属性和参数的设置
          $(this).find("li").each(function() { //遍历表项<li>中的全部元素
          //插件的具体实现逻辑
          })
          return $(this); //返回 jQuery 对象, 保持链式操作
      }
  });
})(jQuery);
```

各种默认属性和参数设置的处理中，创建颜色参数以允许用户设定自己的颜色值；并根据参数是否为空来设定不同的颜色值。代码如下：

```
var def_col = "#ccc"; //默认获取焦点的色值
var lst_col = "#fff"; //默认丢失焦点的色值
//如果设置的颜色不为空, 使用设置的颜色, 否则为默认色
li_col = (li_col == undefined)? def_col : li_col;
```

在遍历列表项时，针对鼠标移入事件 mouseover()设定对象的背景色，并且在鼠标移出事件 mouseout()中还原原来的背景色。代码如下：

```
$(this).mouseover(function() { //获取鼠标焦点事件
    $(this).css("background-color", li_col); //使用设置的颜色
}).mouseout(function() { //鼠标焦点移出事件
    $(this).css("background-color", "#fff"); //恢复原来的颜色
})
```

当调用此插件时，需要先引入插件的.js 文件，然后调用该插件中的方法。

调用上述插件的文件为 7.3.html，代码如下：

```
<!DOCTYPE html>
<html>
<head>
    <title>自定义插件</title>
    <script type="text/javascript" src="jquery.min.js"></script>
    <script type="text/javascript" src="7.3.js"></script>
    <style type="text/css">
        body{font-size:12px}
```

```
        .divFrame{width:260px;border:solid 1px #666}
        .divFrame .divTitle{
            padding:5px;background-color:#eee;font-weight:bold}
        .divFrame .divContent{padding:8px;line-height:1.6em}
        .divFrame .divContent ul{padding:0px;margin:0px;
            list-style-type:none}
        .divFrame .divContent ul li span{margin-right:20px}
    </style>
    <script type="text/javascript">
        $(function() {
            $("#u1").focusColor("red"); //调用自定义的插件
        })
    </script>
</head>
<body>
<div class="divFrame">
    <div class="divTitle">产品销售情况</div>
    <div class="divContent">
        <ul id="u1">
            <li><span>洗衣机</span><span>1500 台</span></li>
            <li><span>冰箱</span><span>5600 台</span></li>
            <li><span>空调</span><span>4800 台</span></li>
        </ul>
    </div>
</div>
</body>
</html>
```

运行以上程序代码，结果如图 7-6 所示。

图 7-6 使用自定义插件示例

7.4 上 机 练 习

练习 1：自定义扩展插件

本练习要求自定义一个小插件，实现在容器中插入列表<ul>，并给每个<li>赋值。程序的运行结果如图 7-7 所示。

图 7-7　自定义扩展插件

练习 2：通过插件实现表格变色效果

本练习要求通过插件实现表格变色效果。运行程序，单击"设置样式"按钮，将鼠标指针放在哪一行，则该行底纹将变色，效果如图 7-8 所示。单击"去除样式"按钮，则失去变色效果，效果如图 7-9 所示。

图 7-8　表格变色效果

图 7-9　去除样式效果

第8章

jQuery 与 Ajax 技术的应用

Ajax 是 Asynchronous JavaScript and XML 的缩写，意思是异步的 JavaScript 和 XML。Ajax 不是新的编程语言，而是一种使用现有标准的新方法。它最大的优点是在不重新加载整个页面的情况下，可以与服务器交换数据并更新部分网页内容，从而减少用户的等待时间。本章就来介绍 Ajax 技术的应用，主要包括 Ajax 概述、Ajax 技术的组成、XML Http Request 对象、jQuery 中的 Ajax 等内容。

8.1 Ajax 概述

Ajax 是一项很有生命力的技术，它的出现引发了 Web 应用的新革命。目前，网络上的许多站点都使用了 Ajax 技术。可以说，Ajax 是"增强的 JavaScript"，是一种可以调用后台服务器获取数据的客户端 JavaScript 技术，支持更新部分页面的内容而不重新加载整个页面。

8.1.1 什么是 Ajax

Ajax 是一种创建快速动态网页的技术，通过在后台与服务器进行少量数据交换，可以使网页实现异步更新。目前有很多使用 Ajax 的应用程序案例，例如新浪微博、谷歌地图(Google Maps)、开心网等。下面通过几个 Ajax 应用的成功案例，来加深大家对 Ajax 的理解。

1. Google Maps

对于地图应用来说，地图页面刷新速度的快慢非常重要。为了解决这个问题，谷歌在对 Google Maps(http://maps.google.com)进行第二次开发时就选择采用基于 Ajax 技术的应用模型，从而彻底解决了每次更新地图部分区域地图主页面都需要重载的问题，如图 8-1 所示。

图 8-1 Google Maps 页面

在 Google Maps 中，用户可以向任意方向随意拖动地图，并可以任意对地图进行缩放。与传统的 Web 页面相比，当客户端用户在地图上进行操作时，只会对操作的区域进行刷新，而不会对整个地图进行刷新，从而大大提升了用户体验。

2. Gmail

作为谷歌公司提供的免费网络邮件服务，Gmail(http://www.gmail.com)的优点非常多，它和 Google Maps 一样都成功地应用了 Ajax 技术。Gmail 最大的优点就是 Ajax 带来的高可用性，也就是它的页面非常简单，客户端用户和服务器之间的交互非常顺畅、自然。

Gmail 的用户页面如图 8-2 所示。

图 8-2　Gmail 的用户页面

在 Gmail 中可以发现，进行各种操作，都会马上看到页面显示更改结果而几乎不需要等待，这就是 Ajax 带来的好处。

3. 百度搜索提示

在百度首页的搜索文本框中输入要搜索的关键字时，下方会自动给出相关提示。如果给出的提示有符合要求的内容，可以直接选择，这也是 Ajax 技术带来的好处，如图 8-3 所示。

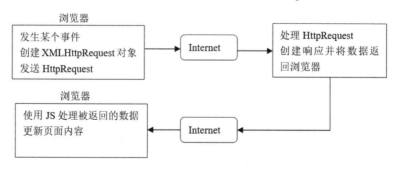

图 8-3　百度搜索文本框

8.1.2　Ajax 的工作原理

Ajax 的工作原理相当于在用户和服务器之间加了一个中间层，改变了同步交互的过程，也就是说并不是所有的用户请求都提交给服务器，比如一些表单数据验证和表单数据处理等都交给 Ajax 引擎来做，当需要从服务器读取新数据时会由 Ajax 引擎向服务器提交请求，从而使用户操作与服务器响应异步化。图 8-4 所示为 Ajax 的工作原理。

图 8-4　Ajax 的工作原理

8.1.3 Ajax 的优缺点

与传统的 Web 应用不同，Ajax 在用户与服务器之间引入了一个中间媒介，这就是 Ajax 引擎，消除了网络交互过程中的处理与等待上的时间消耗，从而大大改善了网站的性能。

下面就来介绍为什么要在 Web 应用上使用 Ajax，它都有哪些优点。

(1) 减轻服务器负担，提高了站点性能。Ajax 使用异步方式与服务器通信，客户端数据是按照用户的需求向服务器端提交获取的，而不是靠全页面刷新来重新获取整个页面数据，即按需发送获取数据，减轻了服务器负担，能在不刷新整个页面的前提下更新数据，大大提升了用户体验。

(2) 不需要插件支持。Ajax 目前可以被绝大多数主流浏览器支持，用户不需要下载插件或小程序，只需要允许在浏览器上执行 JavaScript 脚本。

(3) 调用外部数据方便，容易达到页面与数据的分离。Ajax 可以使页面中的数据呈现分离，有利于技术人员和美工人员分工合作，减少了对页面修改造成的 Web 应用程序错误，提高了开发效率。

同其他事物一样，Ajax 有优点也有缺点，其缺点具体表现在以下几个方面。

(1) 大量的 JavaScript 代码，不易维护。

(2) 可视化设计比较困难。

(3) 会给搜索引擎带来困难。

8.2 Ajax 技术的组成

Ajax 不是单一的技术，而是几种技术的集合，要灵活地运用 Ajax 必须深入了解这些不同的技术，以及它们在 Ajax 中的作用。

8.2.1 XMLHttpRequest 对象

Ajax 技术的核心是 JavaScript 对象 XMLHttpRequest。该对象在 Internet Explorer 5 中首次引入，它是一种支持异步请求的技术。简而言之，XMLHttpRequest 使用户可以使用 JavaScript 向服务器提出请求并处理响应，而不阻塞用户。

XMLHttpRequest 对象允许程序从 Web 服务器以后台活动的方式获取数据，数据格式通常是 XML，但是也可以很好地支持任何基于文本的数据格式。关于 XMLHttpRequest 对象的使用将在后面进行详细介绍。

8.2.2 XML 语言

XML 是一种标准化的文本格式，利用它可以存储有复杂结构的数据信息。XML 格式的数据适用于不同应用程序间的数据交换，而且这种交换不以预先定义的一组数据结构为前提，增强了可扩展性。XMLHttpRequest 对象与服务器交换的数据，通常采用 XML

格式。

一个完整的 XML 文档由声明、元素、注释、字符引用和处理指令组成。XML 文档的组成部分都是通过元素标记来指明的。可以将 XML 文档分为声明、主体与注释三个部分。

1．声明

XML 声明必须作为 XML 文档的第一行，前面不能有空行、注释或其他的处理指令。完整的声明格式如下：

```
<?xml version="1.0" encoding="编码" standalone="yes/no" ?>
```

其中，version 属性不能省略，并且必须在属性列表中排在第一位，指明所采用的 XML 的版本号，值为 1.0。该属性用来保证对 XML 未来版本的支持。encoding 属性是可选属性。该属性指定了文档采用的编码方式，即规定了采用哪种字符集对 XML 文档进行字符编码，常用的编码方式为 UTF-8 和 GB2312。如果没有使用 encoding 属性，则采用该属性的默认值 UTF-8，如果 encoding 属性值设置为 GB2312，则文档必须使用 ANSI 编码保存，文档的标记以及标记内容只可以使用 ASCII 字符和中文。

使用 GB2312 编码的 XML 声明如下：

```
<?xml version="1.0" encoding="GB2312" ?>
```

2．主体

XML 文档主体必须有根元素。所有的 XML 必须包含可定义根元素的单一标记对。其他的所有元素都必须处于这个根元素内部。所有的元素均可拥有子元素。子元素必须被正确地嵌套于它们的父元素内部。根标记以及根标记内容共同构成 XML 文档主体。没有文档主体的 XML 文档将不会被浏览器或其他 XML 处理程序识别。

3．注释

尽管 XML 解析器通常会忽略文档中的注释，但位置适当且有意义的注释可以大大提高文档的可读性。所以 XML 文档中不用于描述数据的内容都可以包含在注释中，注释以"<!--"开始，以"-->"结束，在起始符和结束符之间为注释内容，注释内容可以是符合注释规则的任何字符串。

实例 1　以 XML 格式创建文件(案例文件：ch08\8.1.xml)

在文件夹 ch08 下创建 8.1.xml 文件，创建一个表单并在表单中包含表单元素，代码如下：

```
<?xml version="1.0" encoding="gb2312"?>
<!--这是一个优秀学生名单-->
<学生名单>
<学生>
    <姓名>刘五</姓名>
    <学号>21</学号>
    <性别>男</性别>
</学生>
```

```
<学生>
    <姓名>张三</姓名>
    <学号>22</学号>
    <性别>女</性别>
</学生>
</学生名单>
```

上面代码中，第一句代码是 XML 声明。"<学生>"标记是"<学生名单>"标记的子元素，而"<姓名>""<学号>""<性别>"标记是"<学生>"的子元素。"<!--……-->"是注释。

在浏览器中浏览的效果如图 8-5 所示，可以看到页面中显示了一个树形结构，并且数据的层次感非常好。

图 8-5　XML 文档组成

8.2.3　JavaScript 语言

JavaScript 是通用的脚本语言，用来嵌入在某种应用中。Web 浏览器中嵌入的 JavaScript 解释器允许通过程序与浏览器的很多内建功能进行交互，Ajax 应用程序就是使用 JavaScript 编写的。

8.2.4　CSS 技术

CSS 在 Ajax 中主要用于美化网页，是 Ajax 的美术师。无论 Ajax 的核心技术采用什么形式，任何时候显示在用户面前的都是一个页面，是页面就需要美化，那么就需要用 CSS 对显示在用户浏览器上的页面进行美化。在 Ajax 应用中，用户页面的样式可以通过 CSS 独立修改。

8.2.5　DOM 技术

DOM 以一组可以使用 JavaScript 操作的可编程对象展现 Web 页面的结构。通过使用脚本修改 DOM，Ajax 应用程序可以在运行时改变用户页面，或者高效地重绘页面中的某个部分。也就是说，在 Ajax 应用中，通过 JavaScript 操作 DOM，可以达到在不刷新页面的情况下实时修改用户页面的目的。

8.3　XMLHttpRequest 对象

XMLHttpRequest 对象是当今所有 Ajax 和 Web 2.0 应用程序的技术基础。它是一个具有应用程序接口的 JavaScript 对象，能够使用超文本框传输协议 HTTP 链接服务器。

8.3.1　初始化 XMLHttpRequest 对象

Ajax 利用 XMLHttpRequest 来实现发送和接收 HTTP 请求与响应信息。不过，在使用 XMLHttpRequest 对象发送请求和处理响应之前，首先需要对其进行初始化。

初始化 XMLHttpRequest 对象需要考虑两种情况，一种是 IE 浏览器，一种是非 IE 浏览器，下面分别进行介绍。

IE 浏览器把 XMLHttpRequest 实例化一个 ActiveX 对象，具体方法如下：

```
var xmlhttp=new ActiveXObject("Microsoft.XMLHTTP");
```

或者是

```
var xmlhttp=new ActiveXObject("Msxml2.XMLHTTP");
```

这两种方法的不同之处在于 Microsoft 与 Msxml2，这是针对 IE 浏览器的不同版本进行设置的。

非 IE 浏览器把 XMLHttpRequest 对象实例化为一个本地 JavaScript 对象，具体方法如下：

```
var xmlhttp=new XMLHttpRequest();
```

不过为了提高程序的兼容性，可以创建一个跨浏览器的 XMLHttpRequest 对象，操作非常简单，只需要判断不同浏览器的实现方式，具体代码如下：

```
var xmlhttp;
    if (window.XMLHttpRequest)
    {
        //  Firefox, Chrome, Opera, Safari 浏览器执行代码
        xmlhttp=new XMLHttpRequest();
    }
    else
    {
        // IE 浏览器执行代码
        xmlhttp=new ActiveXObject("Microsoft.XMLHTTP");
    }
```

8.3.2　XMLHttpRequest 对象的属性

XMLHttpRequest 对象提供了一些常用属性，通过这些属性可以获取服务器的响应状态及响应内容等。

1. readyState 属性

readyState 为获取请求状态的属性。当 XMLHttpRequest 对象把一个 HTTP 请求发送到服务器时将经历若干种状态，当请求被处理时它才接收一个响应。这样一来，脚本才正确响应各种状态，XMLHttpRequest 对象返回描述对象的当前状态是 readyState 属性，相关说明如表 8-1 所示。

表 8-1　readyState 属性值列表

属性值	描　述
0	描述一种"未初始化"状态；此时，已经创建一个 XMLHttpRequest 对象，但是还没有初始化
1	描述一种"正在加载"状态；open()方法和 XMLHttpRequest 已经准备好把一个请求发送到服务器
2	描述一种"已加载"状态；此时，已经通过 send()方法把一个请求发送到服务器端，但是还没有收到一个响应
3	描述一种"交互中"状态；此时，已经接收到 HTTP 响应头部信息，但是消息体部分还没有完全接收
4	描述一种"完成"状态；此时，响应已经被完全接收

在实际应用中，该属性经常用于判断请求状态，当请求状态为 4，也就是完成时，再判断请求是否成功，如果成功，则开始处理返回结果。

2. onreadystatechange 事件

onreadystatechange 事件为指定状态改变时所触发的事件。无论 readyState 值何时发生改变，XMLHttpRequest 对象都会激发一个 readystatechange 事件。其中，onreadystatechange 事件接收一个名为 EventListener 值，用于激活 XMLHttpRequest 对象。

3. responseText 属性

Ajax 接收到客户端的数据请求后，会作相应的处理，处理结束后，将返回一串字符串数据给客户端，这个就是 responseText。当 readyState 值为 0、1 或 2 时，responseText 包含一个空字符串。当 readyState 值为 3（正在接收）时，responseText 包含客户端还未完成的响应信息。当 readyState 值为 4（已加载）时，responseText 包含完整的响应信息。

4. responseXML 属性

responseXML 属性用于以 XML 形式接收完整的 HTTP 响应。如果客户端数据请求未成功或者检索的数据无法正确解析为 XML 或 HTML，则 responseXML 为 null。

其实，responseXML 属性的值是一个文档接口类型的对象，用来描述被分析的文档。如果文档不能被分析，那么 responseXML 的值将为 null。

5. status 属性

status 属性返回服务器的 HTTP 状态码，其类型为 short。而且，仅当 readyState 值为 3(交互中)或 4(完成)时，status 属性才可用。当 readyState 的值小于 3 时，试图存取 status

的值将引发一个异常。常用的 status 属性值如表 8-2 所示。

表 8-2　status 属性的值

值	说　明
100	继续发送请求
200	请求已成功
202	请求被接收，但尚未成功
400	错误的请求
404	文件未找到
408	请求超时
500	内部服务器错误
501	服务器不支持当前请求所需要的某个功能

6. statusText 属性

statusText 属性描述了 HTTP 状态代码文本，并且仅当 readyState 的值为 3 或 4 才可用。当 readyState 为其他值时，试图存取 statusText 属性将引发一个异常。

8.3.3　XMLHttpRequest 对象的方法

XMLHttpRequest 对象提供了各种方法用于初始化和处理 HTTP 请求，下面介绍 XMLHttpRequest 对象的方法。

1. 创建新请求的 open()方法

open()方法用于创建异步请求，具体语法如下：

```
xmlhttp.open("method","URL"[,asyncFlag[,"userName"[,"password"]]]);
```

open()方法的参数说明如表 8-3 所示。

表 8-3　open()方法的参数说明

参　数	说　明
method	用于指定请求的类型，一般为 GET 或 POST
URL	用于指定请求地址，可以使用绝对地址或者相对地址，并且可以传递查询字符串
asyncFlag	可选参数，用于指定请求方法，异步请求为 true，同步请求为 false，默认情况下为 true
userName	可选参数，用于指定请求用户名，没有时可省略
password	可选参数，用于指定请求密码，没有时可省略

当需要把数据发送到服务器时，使用 POST 方法；当需要从服务器端检索数据时，使用 GET 方法。例如，设置异步请求目标为 shoping.html，请求方法为 GET，请求方式为异步的代码如下：

```
xmlhttp.open("GET","shoping.html",true);
```

2. 停止或放弃当前异步请求的 abort()方法

abort()方法可以停止或放弃当前异步请求。其语法格式如下：

```
abort()
```

当使用 abort()方法暂停与 XMLHttpRequest 对象相联系的 HTTP 请求后，可以把该对象复位到未初始化状态。

3. 向服务器发送请求的 send()方法

send()方法用于向服务器发送请求，如果请求声明为异步，该方法将立即返回，否则将等到接收到响应为止。语法格式如下：

```
send(content)
```

参数 content 用于指定发送的数据，可以是 DOM 对象的实例、输入流或字符串。如果没有参数需要传递可以设置为 null。例如，向服务器发送一个不包含任何参数的请求，可以使用下面的代码：

```
Http_request.send(content)
```

4. setRequestHeader()方法

setRequestHeader()方法用来设置请求的头部信息，具体语法格式如下：

```
setRequestHeader("header","value")
```

参数说明如下。

● header：用于指定 HTTP 头。

● value：用于为指定的 HTTP 头设置值。

 setRequestHeader()方法必须在调用 open()方法之后才能调用；否则，将得到一个异常。

5. getResponseHeader()方法

getResponseHeader()方法用于以字符串形式返回指定的 HTTP 头信息，语法格式如下：

```
getResponseHeader("Headerlabel")
```

参数 Headerlabel 用于指定 HTTP 头，包括 Server、Content_Type 和 Date 等。getResponseHeader()方法必须在调用 send()方法之后才能调用；否则，该方法返回一个空字符串。

6. getAllResponseHeaders()方法

getAllResponseHeaders()方法用于以字符串形式返回完整的 HTTP 头信息，语法格式如下：

```
getAllResponseHeaders()
```

getAllResponseHeaders()方法必须在调用 send()方法之后才能调用；否则，该方法返回
null。

8.4　Ajax 异步交互的应用

Ajax 与传统的 Web 应用最大的不同就是它的异步交互机制，这也是它最核心最重要的特点。本节将对 Ajax 的异步交互进行简单的讲解，帮助大家更深入地了解 Ajax。

8.4.1　什么是异步交互

对 Ajax 来说，异步交互就是客户端和服务器进行交互时，如果只更新客户端的一部分数据，那么只有这部分数据与服务器进行交互，交互完成后把更新的数据发送到客户端，而其他不需要更新的客户端数据就不需要与服务器进行交互。

异步交互对于用户体验来说，带来的最大好处就是实现了页面的无刷新，用户在提交表单后，只有表单数据被发送给服务器并需要等待接收服务器的反馈，但是页面中表单以外的内容没有变化。所以与传统 Web 应用相比，用户在等待表单提交完成的过程中不会看到整个页面出现白屏，并且在这个过程中还可以浏览页面中表单以外的内容。

8.4.2　异步对象连接服务器

在动态网站中，与服务器进行异步通信的是 XMLHttpRequest 对象。它是在 IE5 浏览器中首先引入的，目前几乎所有的浏览器都支持该异步对象，并且该对象可以接收任何形式的文档。在使用异步对象之前必须先创建该对象，创建的代码如下：

```
var xmlhttp;
function createXMLHttpRequest(){
  if(window.ActiveXObject)
     xmlhttp= new ActiveXObject("Microsoft.XMLHTTP");
  else if (window.XMLHttpRequest)
     xmlhttp= new XMLHttpRequest();
}
```

创建完异步对象，利用该异步对象连接服务器时需要用到 XMLHttpRequest 对象的一些属性和方法。例如，在创建了异步对象后，需要使用 open()方法初始化异步对象，即创建一个新的 HTTP 请求，并指定此请求的方法、URL 以及验证信息。这里创建异步对象 xmlhttp，然后建立一个到服务器的新请求。代码如下：

```
xmlhttp.open("GET","a.aspx",true);
```

代码中指定了请求的类型为 GET，即在发送请求时将参数直接加到 url 地址中发送，请求地址为相对地址 a.aspx，请求方式为异步。

初始化异步对象后，需要调用 onreadystatechange 属性来指定发生状态改变时的事件处理句柄。代码如下：

```
xmlhttp.onreadystatechange = HandleStateChange();
```

在 HandleStateChange()函数中需要根据请求的状态，有时还需要根据服务器返回的响应状态来指定处理函数，所以需要调用 readyState 属性和 status 属性。比如当数据接收成功时要执行某些操作，代码如下：

```
function HandleStateChange(){
   if(xmlhttp.readyState == 4 && xmlhttp.status ==200){
       //do something
   }
}
```

在建立了请求并编写了请求状态发生变化时的处理函数之后，需要使用 send()方法将请求发送给服务器。语法格式如下：

```
send(body);
```

参数 body 表示通过此请求要向服务器发送的数据，该参数为必选参数，如果不发送数据，则代码如下：

```
xmlhttp.send(null);
```

需要注意的是，如果在 open 中指定了请求的方法是 POST，在请求发送之前必须设置 HTTP 的头部，代码如下：

```
xmlhttp.setRequestHeader("Content-Type","application/x-www-form-urlencoded");
```

客户端将请求发送给服务器后，服务器需要返回相应的结果。至此，整个异步连接服务器的过程就完成了，为了测试连接是否成功，我们会在页面中添加一个按钮。

下面给出一个实例，来测试异步连接服务器是否成功。

实例2 测试异步连接服务器(案例文件：ch08\8.2.html)

在 ch08 文件夹下创建 8.2.html 文件，来测试异步连接服务器。代码如下：

```
<!DOCTYPE html>
<html>
<head>
<meta charset="UTF-8">
<title>异步连接服务器</title>
<script type="text/javascript">
var xmlhttp;
function createXMLHttpRequest(){
   if(window.ActiveXObject)
       xmlhttp= new ActiveXObject("Microsoft.XMLHTTP");
   else if (window.XMLHttpRequest)
       xmlhttp= new XMLHttpRequest();
}
function HandleStateChange(){
   if(xmlhttp.readyState == 4 && xmlhttp.status ==200){
       alert("服务器返回的结果为： " + xmlhttp.responseText);
   }
}
function test(){
   createXMLHttpRequest();
```

```
xmlhttp.open("GET","8.2.aspx",true);
HandleStateChange();
xmlhttp.onreadystatechange = HandleStateChange();
xmlhttp.send(null);

}
</script>
</head>
<body>
<input type="button" value="测试是否连接成功" onClick="test()" />
</body>
</html>
```

服务器端代码我们采用 ASP.NET 来完成,代码如下:

在 ch08 文件夹下创建 8.2.aspx 文件,用于处理异步请求。

```
<%@ Page Language="C#" ContentType="text/html" ResponseEncoding="gb2312" %>
<%@Import Namespace="System.Data"%>
<%
Response.write("连接成功");
%>
```

双击 ch08 文件夹中的 8.2.html 文件,即可在浏览器中显示运行结果,如图 8-6 所示。

单击"测试是否连接成功"按钮,即可弹出一个信息提示框,提示用户连接成功,如图 8-7 所示。

图 8-6 程序运行结果

图 8-7 测试连接成功

8.4.3 GET 和 POST 模式

客户端在向服务器发送请求时需要指定请求发送数据的方式,在 HTML 中通常有 GET 和 POST 两种方式。

GET 方式一般用来传送简单数据,大小一般限制在 1KB 以下,请求数据被转化成查询字符串并追加到请求的 url 之后发送;POST 方式可以传送的数据量比较大,可以达到 2MB,它是将数据放在 send()方法中发送,在数据发送之前必须先设置 HTTP 请求的头部。

为了让大家更直观地看到 GET 和 POST 两种方式的区别,下面给出一个实例,在页面中设置一个文本框用来输入用户名,设置两个按钮分别用 GET 和 POST 来发送请求。

实例 3 GET 和 POST 模式应用示例(案例文件:ch08\8.3.html)

在 ch08 文件夹下创建 8.3.html 文件,进而了解 GET 和 POST 模式的区别。代码如下:

```html
<!DOCTYPE html>
<head>
<meta charset="UTF-8">
<title>GET 和 POST 模式</title>
<script type="text/javascript">
var xmlhttp;
var username=document.getElementById("username").value;
function createXMLHttpRequest(){
   if(window.ActiveXObject)
      xmlhttp=new ActiveXObject("Microsoft.XMLHTTP");
   else if (window.XMLHttpRequest)
      xmlhttp= new XMLHttpRequest();
   if(window.XMLHttpRequest){
         //code for IE7+, Firefox, Chrome, Opera, Safari
         xmlhttp = new XMLHttpRequest();
      }else{
         //code for IE5, IE6
         xmlhttp = new ActiveXObject("Microsoft.XMLHTTP");
      }
}
//使用 GET 方式发送数据
function doRequest_GET(){
   createXMLHttpRequest();
   username = document.getElementById("username").value;
   var url = " Chap24.2.aspx?username=" +encodeURIComponent(username);

   xmlhttp.onreadystatechange = function(){
      if(xmlhttp.readyState == 4 && xmlhttp.status ==200){
        alert("服务器返回的结果为: " + decodeURIComponent(xmlhttp.responseText));
         }
      }

   xmlhttp.open("GET",url);
   xmlhttp.send(null);
}
//使用 POST 方式发送数据
function doRequest_POST(){
   createXMLHttpRequest();
   username = document.getElementById("username").value;
   var url=" Chap24.2.aspx?";
   var queryString = encodeURI("username="+encodeURIComponent(username));
   xmlhttp.open("POST",url,true);
   xmlhttp.onreadystatechange = function(){
      if(xmlhttp.readyState == 4 && xmlhttp.status ==200){
        alert("服务器返回的结果为: " + decodeURIComponent(xmlhttp.responseText));
         }
      }
   xmlhttp.setRequestHeader("Content-Type","application/x-www-form-urlencoded");
   xmlhttp.send(queryString);
}
</script>
</head>
<body>
<form>
用户名:
```

```
<input type="text" id="username" name="username" />
<input type="button" id="btn_GET" value="GET发送" onclick="doRequest_GET();" />
<input type="button" id="btn_POST" value="POST发送" onclick="doRequest_POST();" />
</form>
</body>
</html>
```

服务器端代码我们仍然采用 ASP.NET 来完成，代码如下：

在 ch08 文件夹下创建 8.3.aspx 文件，用于处理 GET 和 POST 模式的数据请求。

```
<%@ Page Language="C#" ContentType="text/html" ResponseEncoding="gb2312" %>
<%
  if(Request.HttpMethod=="GET")
    Response.Write("GET: "+ Request["username"]);
  else if(Request.HttpMethod=="POST")
    Response.Write("POST: "+ Request["username"]);
%>
```

双击 ch08 文件夹中的 8.3.html 文件，即可在浏览器中显示运行结果，如图 8-8 所示。在"用户名"文本框中输入"超人"字样。

图 8-8　输入用户名

单击"GET 发送"按钮，即可弹出一个信息提示框，在其中显示了 GET 模式运行的结果，如图 8-9 所示。

单击"POST 发送"按钮，即可弹出一个信息提示框，在其中显示了 POST 模式运行的结果，如图 8-10 所示。

图 8-9　使用 GET 发送结果

图 8-10　使用 POST 发送结果

8.4.4　服务器返回 XML 文档

在 Ajax 中，服务器可以返回 DOC 文档、TXT 文档、HTML 文档或者 XML 文档等，下面我们主要讲解如何返回 XML 文档。在 Ajax 中，可通过异步对象的 ResponseXML 属性来获取 XML 文档。

实例 4 GET 和 POST 模式应用示例(案例文件：ch08\8.4.html)

在 ch08 文件夹下创建 8.4.html 文件，获取服务器返回的 XML 文档。代码如下：

```
<!DOCTYPE html>
<html>
<head>
<meta charset="UTF-8">
<title>服务器返回 XML 文档</title>
<script type="text/javascript">
var xmlhttp;
function createXMLHttpRequest(){
   if(window.XMLHttpRequest){
           //code for IE7+, Firefox, Chrome, Opera, Safari
           xmlhttp = new XMLHttpRequest();
       }else{
           //code for IE5, IE6
           xmlhttp = new ActiveXObject("Microsoft.XMLHTTP");
       }
}

function getXML(xmlUrl){
   var url=xmlUrl+"?timestamp=" + new Data();
   createXMLHttpRequest();
   xmlhttp.onreadystatechange = HandleStateChange;
   xmlhttp.open("GET",url);
   xmlhttp.send(null);
}

function HandleStateChange(){
   if(xmlhttp.readyState == 4 && xmlhttp.status ==200){
      DrawTable(xmlhttp.responseXML);
    }
}

function DrawTable(myXML){
   var objStudents = myXML.getElementsByTagName(student);
   var objStudent = "",stuID="",stuName="",stuChinese="",stuMaths="",stuEnglish="";
   for(var i=0;i<objStudents.length;i++){
     objStudent=objStudent[i];
     stuID=objStudent.getElementsByTagName("id")[0].firstChild.nodeValue;
     stuName=objStudent.getElementsByTagName("name")[0].firstChild.nodeValue;
     stuChinese=objStudent.getElementsByTagName("Chinese")[0].firstChild.nodeValue;
     stuMaths=objStudent.getElementsByTagName("Maths")[0].firstChild.nodeValue;
     stuEnglish=objStudent.getElementsByTagName("English")[0].firstChild.nodeValue;
     addRow(stuID,stuName,StuChinese,stuMaths,stuEnglish);
   }
}

function addRow(stuID,stuName,stuChinese,stuMaths,stuEnglish){
   var objTable = document.getElementById("score");
   var objRow = objTable.insertRow(objTable.rows.length);
   var stuInfo =  new Array();
```

```
    stuInfo[0] = document.createTextNode(stuID);
    stuInfo[1] = document.createTextNode(stuName);
    stuInfo[2] = document.createTextNode(stuChinese);
    stuInfo[3] = document.createTextNode(stuMaths);
    stuInfo[4] = document.createTextNode(stuEnglish);
    for(var i=0; i< stuInfo.length;i++){
        var objColumn = objRow.insertCell(i);
        objColumn.appendChild(stuInfo[i]);
    }
}
</script>
</head>
<body>
    <form>
<p>
<input type="button" id="btn" value="获取XML文档" onclick="getXML(8.4.xml);"/>
</p>
<p>
<table id="score">
  <tr>
  <th>学号</th>
  <th>姓名</th>
  <th>语文</th>
  <th>数学</th>
  <th>英语</th>
  </tr>
  </table>
</p>
</form>
</body>
</html>
```

服务器端 XML 文档(8.4.xml)代码如下:

```
<?xml version="1.0" encoding="gb2312"?>
<list>
    <caption>Score List</caption>
    <student>
        <id>001</id>
        <name>张三</name>
        <Chinese>80</Chinese>
        <Maths>85</Maths>
        <English>92</English>
    </student>
    <student>
        <id>002</id>
        <name>李四</name>
        <Chinese>86</Chinese>
        <Maths>91</Maths>
        <English>80</English>
    </student>
    <student>
        <id>003</id>
        <name>王五</name>
        <Chinese>77</Chinese>
```

```
            <Maths>89</Maths>
            <English>79</English>
        </student>
        <student>
            <id>004</id>
            <name>赵六</name>
            <Chinese>95</Chinese>
            <Maths>81</Maths>
            <English>88</English>
        </student>
    </list>
```

双击 ch08 文件夹中的 8.4.html 文件，即可在浏览器中显示运行结果，如图 8-11 所示。单击"获取 XML 文档"按钮，即可获取服务器返回的 XML 文档，运行结果如图 8-12 所示。

图 8-11　程序运行结果

图 8-12　返回 XML 文档结果

8.4.5　处理多个异步请求

前面的实例都是通过一个全局变量的 xmlhttp 对象对所有异步请求进行处理的，这样做会存在一些问题，比如，第 1 个异步请求尚未结束时，很可能就已经被第 2 个异步请求覆盖。解决的办法通常是将 xmlhttp 对象作为局部变量来处理，并且在收到服务器端的返回值后手动将其删除。

实例 5　实现多个异步请求(案例文件：ch08\8.5.html)

在 ch08 文件夹下创建 8.5.html 文件，实现多个异步请求。代码如下：

```html
<!DOCTYPE html>
<html>
<head>
<meta charset="UTF-8">
<title>多个异步对象请求示例</title>
<script type="text/javascript">
function createQueryString(oText){
    var sInput = document.getElementById(oText).value;
    var queryString = "oText=" + sInput;
    return queryString;
}
function getData(oServer, oText, oSpan){
    var xmlhttp;    //处理为局部变量
```

```
    if(window.XMLHttpRequest){
            //code for IE7+, Firefox, Chrome, Opera, Safari
            xmlhttp = new XMLHttpRequest();
        }else{
            //code for IE5, IE6
            xmlhttp = new ActiveXObject("Microsoft.XMLHTTP");
        }

    var queryString = oServer + "?";
    queryString += createQueryString(oText) + "&timestamp=" + new
Date().getTime();
    xmlhttp.onreadystatechange = function(){
        if(xmlhttp.readyState == 4 && xmlhttp.status == 200){
            var responseSpan = document.getElementById(oSpan);
            responseSpan.innerHTML = xmlhttp.responseText;
            delete xmlhttp;  //收到返回结果后手动删除
            xmlhttp = null;
        }
    }
    xmlhttp.open("GET",queryString);
    xmlhttp.send(null);
}
function test(){
    //同时发送两个不同的异步请求
    getData('8.5.aspx','first','firstSpan');
    getData('8.5.aspx','second','secondSpan');
}
</script>
</head>
<body>
<form>
    first: <input type="text" id="first">
    <span id="firstSpan"></span>
<br>
    second: <input type="text" id="second">
    <span id="secondSpan"></span>
<br>
    <input type="button" value="发送" onclick="test()">
</form>
</body>
</html>
```

多个异步请求实例的服务器端代码(8.5.aspx)如下：

```
<%@ Page Language="C#" ContentType="text/html" ResponseEncoding="gb2312" %>
<%@ Import Namespace="System.Data" %>
<%
    Response.Write(Request["oText"]);
%>
```

双击 ch08 文件夹中的 8.5.html 文件，即可在浏览器中显示运行结果，如图 8-13 所示。单击"发送并请求服务器端内容"按钮，即可返回服务器端的内容，运行结果如图 8-14 所示。

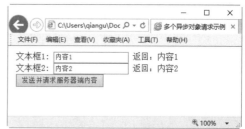

图 8-13 程序运行结果   图 8-14 返回服务端内容

提示　　由于函数中的局部变量是每次调用时单独创建的，函数执行完便自动销毁，因此测试多个异步请求便不会发生冲突。

8.5　jQuery 中的 Ajax

jQuery 提供了多个与 Ajax 有关的方法。通过这些方法，用户可以采用 HTTP 的 POST 或 GET 方式从远程服务器上请求文本、HTML 或 XML 数据，然后把这些数据直接载入网页的被选元素上。

8.5.1 load()方法

jQuery 提供了一个简单但功能强大的方法 load()，其主要功能是从服务器加载数据，并把返回的数据放入被选元素中。

load()方法的语法格式如下：

```
$(selector).load(URL,data,callback);
```

其中，参数 URL 用于规定需要加载数据的 URL；参数 data 为可选参数，规定与请求一同发送的数据；参数 callback 为可选参数，规定 load()方法完成后所执行的函数名称。

实例6　使用 load()方法获取文本内容(案例文件：ch08\8.6.html)

```
<!DOCTYPE html>
<html>
<head>
    <meta charset="utf-8">
    <title>使用 load()方法</title>
    <script type="text/javascript" src="jquery.min.js"></script>
    $(document).ready(function(){
        $("button").click(function(){
            $("#div1").load("test.txt");
        });
    });
    </script>
</head>
<body>
<div id="div1"><h2>使用 load()方法获取文本的内容</h2></div>
```

```
<button>更新页面</button>
</body>
</html>
```

其中加载文件 test.txt 的内容如图 8-15 所示。

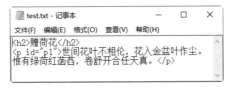

图 8-15　加载文件的内容

使用浏览器查看服务器上的文件 http://localhost/code/ch08/8.6.html，效果如图 8-16 所示。单击"更新页面"按钮，即可加载文件的内容，如图 8-17 所示。

图 8-16　查看文件效果

图 8-17　加载文件后的效果

用户还可以把 jQuery 选择器添加到 URL 参数。下面的例子把 test.txt 文件中 id="p1" 的元素的内容，加载到指定的<div>元素中。

实例 7　加载元素到指定的<div>元素中(案例文件：ch08\8.7.html)

```
<!DOCTYPE html>
<html>
<head>
<meta charset="utf-8">
<title>加载元素到指定的<div>元素中</title>
<script type="text/javascript" src="jquery.min.js"></script>
<script>
$(document).ready(function(){
    $("button").click(function(){
        $("#div1").load("test.txt #p1");
    });
});
</script>
</head>
<body>

<div id="div1"><h2>使用 load()方法获取文本的内容</h2></div>
<button>更新页面</button>
```

```
</body>
</html>
```

使用浏览器查看服务器上的文件 http://localhost/code/ch08/8.7.html，效果如图 8-18 所示。单击"更新页面"按钮，即可加载文件的内容，如图 8-19 所示。

图 8-18　查看文件效果　　　　图 8-19　加载文件后的效果

load()方法的可选参数 callback 规定 load()方法完成后调用的函数，该调用函数可以设置的参数如下。

(1) responseTxt：包含调用成功时的结果内容。

(2) statusTXT：包含调用的状态。

(3) xhr：包含 XMLHttpRequest 对象。

下面的实例将在 load() 方法完成后显示一个提示框。如果 load()方法已成功，则显示"加载内容已经成功了!"，而如果失败，则显示错误消息。

实例 8 显示加载提示框(案例文件：ch08\8.8.html)

```
<!DOCTYPE html>
<html>
<head>
<meta charset="utf-8">
<title>显示加载提示框</title>
<script type="text/javascript" src="jquery.min.js"></script>
<script>
$(document).ready(function(){
  $("button").click(function(){
    $("#div1").load("test.txt",function(responseTxt,statusTxt,xhr){
      if(statusTxt=="success")
        alert("加载内容已经成功了!");
      if(statusTxt=="error")
        alert("Error: "+xhr.status+": "+xhr.statusText);
    });
  });
});
</script>
</head>
<body>

<div id="div1"><h2>检验 load()方法是否执行成功</h2></div>
<button>更新页面</button>

</body>
</html>
```

使用浏览器查看服务器上的文件：http://localhost/code/ch08/8.8.html，效果如图 8-20 所示。单击"更新页面"按钮，即可加载文件的内容，同时打开信息提示对话框，如图 8-21 所示。

图 8-20　查看文件效果　　　　　　　　　图 8-21　信息提示对话框

8.5.2　$.get()方法和$.post()方法

jQuery 的$.get()和$.post()方法用于通过 HTTP 的 GET 或 POST 方式从服务器获取数据。

1. $.get()方法

$.get()方法通过 HTTP 的 GET 方式从服务器上获取数据。$.get()方法的语法格式如下：

```
$.get(URL,callback);
```

其中，参数 URL 用于规定需要加载数据的 URL；参数 callback 为可选参数，规定 $.get()方法完成后所执行的函数名称。

实例 9　使用$.get()方法获取数据(案例文件：ch08\8.9.html)

```
<!DOCTYPE html>
<html>
<head>
<meta charset="utf-8">
<title>使用$.get()方法</title>
<script type="text/javascript" src="jquery.min.js"></script>
<script>
$(document).ready(function(){
    $("button").click(function(){
        $.get("test.txt",function(data,status){
            alert("数据: " + data + "\n状态: " + status);
        });
    });
});
</script>
</head>
<body>

<button>通过$.get()方法请求并获取结果</button>
```

```
</body>
</html>
```

使用浏览器查看服务器上的文件 http://localhost/code/ch08/8.9.html，效果如图 8-22 所示。单击"通过$.get()方法请求并获取结果"按钮，即可打开信息提示对话框，如图 8-23 所示。

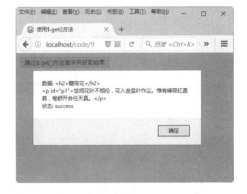

图 8-22　查看文件效果　　　　　　　　图 8-23　信息提示对话框

2. $.post() 方法

$.post()方法通过 HTTP 的 POST 方式从服务器上获取数据。$.post()方法的语法格式如下：

```
$.post(URL,data,callback);
```

其中，参数 URL 用于规定需要加载数据的 URL；参数 data 为可选参数，规定与请求一同发送的数据；参数 callback 为可选参数，规定 load()方法完成后所执行的函数名称。

实例 10　使用$.post()方法获取服务器上的数据(案例文件：ch08\8.10.html)

```
<!DOCTYPE html>
<html>
<head>
<meta charset="utf-8">
<title>使用$.post()方法获取服务器上的数据</title>
<script type="text/javascript" src="jquery.min.js"></script>
<script>
$(document).ready(function(){
    $("button").click(function(){
        $.post("mytest.php",{
            name:"zhangxiaoming",
            age:"26"
        },
        function(data,status){
            alert("数据: \n" + data + "\n状态: " + status);
        });
    });
});
</script>
</head>
<body>
```

```
<button>通过$.post()方法发生请求并获取结果</button>

</body>
</html>
```

上述代码中，$.post()的第一个参数是 URL ("mytest.php")，然后连同请求(name 和 age)一起发送。其中加载文件 mytest.php 的内容如图 8-24 所示。

图 8-24　加载文件的内容

使用浏览器查看服务器上的文件 http://localhost/code/ch08/8.10.html，效果如图 8-25 所示。单击"通过$.post()方法请求并获取结果"按钮，即可打开信息提示对话框，如图 8-26 所示。

图 8-25　查看文件效果　　　　　　　图 8-26　信息提示对话框

8.5.3　$.getScript()方法和$.getJson()方法

下面分别介绍如何使用$.getScript()方法和$.getJson()方法。

1. $.getScript()方法

$.getScript()方法通过 HTTP 的 GET 方式载入并执行 JavaScript 文件，语法格式如下：

```
$.getScript(URL,success(response,status))
```

其中，参数 URL 用于规定需要加载数据的 URL；如果请求成功，则返回结果 response 和求助状态 status。

实例 11　使用$.getScript()方法加载 JavaScript 文件(案例文件：ch08\8.11.html)

```
<!DOCTYPE html>
<html>
<head>
```

```
<meta charset="utf-8">
<title>使用$.getScript()方法加载 JavaScript 文件</title>
<script type="text/javascript" src="jquery.min.js"></script>
<script type="text/javascript">
  $(document).ready(function(){
    $("button").click(function(){
      $.getScript("myscript.js");
    });
  });
</script>
</head>
<body>
<button>通过$.getScript()方法请求并执行一个 JavaScript 文件</button>
</body>
</html>
```

加载的 JavaScript 文件的内容如图 8-27 所示。

图 8-27　加载文件的内容

使用浏览器查看服务器上的文件 http://localhost/code/ch08/8.11.html，效果如图 8-28 所示。单击"通过$.getScript()方法请求并执行一个 JavaScript 文件"按钮，即可打开信息提示对话框，如图 8-29 所示。

图 8-28　查看文件效果

图 8-29　信息提示对话框

2. $.getJson()方法

$.getJson()方法主要是通过 HTTP 的 GET 方式获取 JSON 数据。语法格式如下：

```
$.getJSON(URL,data,success(data,status,xhr))
```

其中，参数 URL 用于规定需要加载数据的 URL；data 是可选参数，用于请求数据时发送参数；success 是可选参数，这是一个回调函数，用于处理请求到的数据。

实例 12　使用$.getJson()方法加载 JavaScript 文件(案例文件：ch08\8.12.html)

```html
<!DOCTYPE html>
<html>
<head>
<meta charset="utf-8">
<title>使用$.getJson()方法加载 JavaScript 文件</title>
<script type="text/javascript" src="jquery.min.js"></script>
<script type="text/javascript">
$(document).ready(function(){
  $("button").click(function(){
    $.getJSON("myjson.js",function(result){
      $.each(result, function(i, field){
        $("p").append(field + " ");
      });
    });
  });
});
</script>
</head>
<body>
<button>获取 JSON 数据</button>
</body>
</html>
```

加载的 JSON 数据文件的内容如图 8-30 所示。

图 8-30　加载文件的内容

使用浏览器查看服务器上的文件 http://localhost/code/ch08/8.12.html，效果如图 8-31 所示。单击"获取 JSON 数据"按钮，即可加载 JSON 数据，如图 8-32 所示。

图 8-31　查看文件效果

图 8-32　加载 JSON 数据

8.5.4　$.ajax()方法

$.ajax()方法用于执行异步 HTTP 请求。所有的 jQuery Ajax 对象都可以使用 ajax()方法。该方法通常用于其他方法不能完成的请求。

```
$.ajax({name:value, name:value, ... })
```

name 参数规定 Ajax 请求的一个或多个名称。

实例 13 使用$.ajax()加载 JavaScript 文件(案例文件：ch08\8.13.html)

```html
<!DOCTYPE html>
<html>
<head>
    <meta charset="utf-8">
    <title>使用$.ajax()加载 JavaScript 文件</title>
    <script type="text/javascript" src="jquery.min.js"></script>
    <script type="text/javascript">
        $(document).ready(function(){
            $("button").click(function(){
                $.ajax({url:"myscript.js",dataType:"script"});
            });
        });
    </script>
</head>
<body>
<div id="div1"><h2>使用$.ajax()方法获取文本的内容</h2></div>
<button>更新部分页面内容</button>
</body>
</html>
```

使用浏览器查看服务器上的文件 http://localhost/code/ch08/8.13.html，效果如图 8-33 所示。单击"开始执行"按钮，弹出信息提示对话框，如图 8-34 所示。

图 8-33　查看文件效果　　　　　　图 8-34　执行 JavaScript 文件

8.6　上 机 练 习

练习 1：制作图片相册效果

Ajax 综合了各个方面的技术，不但能够加快用户的访问速度，还可以实现各种特效。下面就制作一个图片相册，来巩固 Ajax 技术的使用。程序运行效果如图 8-35 所示。

图 8-35　图片相册效果

练习 2：制作可自动校验的表单

在表单的实际应用中，常常需要实时地检查表单内容是否合法，如在注册页面经常会检查用户名是否存在，用户名是否为空等。Ajax 的出现使得这种功能的实现变得非常简单。

下面制作一个表单供用户注册使用，并要验证用户输入的用户名是否存在，并给出提示，提示信息显示在用户名文本框后面的 span 标签中。程序运行的结果如图 8-36 所示。

如果"用户名"文本框里面什么也不输入，则单击"注册"按钮后，会在右侧出现提示，如图 8-37 所示。

图 8-36　程序运行结果

图 8-37　用户名不能为空

如果输入"测试用户"，然后在"用户名"文本框右侧就会给出提示"该用户可以使用"，告知输入的用户名可以注册，运行结果如图 8-38 所示。

如果输入"zhangsan"，然后"用户名"文本框右侧就会给出提示"sorry，该用户名已存在!"，告知输入的用户名已经存在，运行结果如图 8-39 所示。

图 8-38 输入用户名   图 8-39 用户名已存在

第 9 章

jQuery 的经典交互特效案例

在网页交互特效的设计过程中，使用 jQuery 可以在一定程度上加快开发的速度，缩短项目开发周期，简化代码。本章将重点学习经典交互特效案例的设计方法和技巧，包括时间轴特效、tab 页面切换特效、滑动门特效、焦点图轮播特效、网页定位导航特效、瀑布流特效、弹出层效果、倒计时效果和抽奖效果。

9.1 设计时间轴特效

时间轴特效是一个按时间顺序描述一系列事件的方式，经常出现在开发项目中。
本节实例描述了一个星期的事件，即从星期一到星期五的采购计划。

实例 1 设计具有时间轴特效的商品采购计划(案例文件：ch09\9.1.html)

```html
<!DOCTYPE html>
<html lang="en">
<head>
    <meta charset="UTF-8">
    <title>设计时间轴特效</title>
    <link rel="stylesheet" href="bootstrap.min.css">
    <style>
        *{margin:0;padding:0;}
        #bigbox{
            overflow: hidden;position: relative;width: 650px;
            margin-left:50px;border-bottom:2px solid black;
        }
        .timeLine{
            width: 1000%;height:45px;line-height: 45px;font-
weight:bold;list-style: none;
            margin: 15px 100px;position: relative;font-size: 20px;
        }
        .timeLine li{
            float: left;width:120px;height:40px;line-height: 40px;text-
align:center;
            margin: 0 10px;border-radius:20%;

        }
        .timeLine .now{
            background-color:red;color:white;
        }
        .box{
            width: 400px;
            height: 200px;
            border: 1px solid #000;
            overflow: hidden;
            position: relative;
            left: 180px;
            top: 30px;
        }
        #timeTable{
            width: 1000%;
            list-style: none;
            position: absolute;
            font-size: 40px;
            text-align: center;
            line-height:200px ;
        }
```

```css
        #timeTable li{
            width: 400px;
            height: 200px;
            float: left;
        }
        #left,#right{
            width: 40px;
            height: 40px;
            background: blue;
            color: white;
            text-align: center;
            font-size: 30px;
            position: absolute;
            border-radius: 50%;
        }
        #left{
            left: 60px;
            top:150px ;
        }
        #right{
            left: 650px;
            top:150px ;
        }
    </style>
</head>
<body>
<h2 align="center">本周商品采购计划</h2>
<div id="left"><</div>
<div id="bigbox">
    <ul class="timeLine">
        <li class="now">星期一</li>
        <li>星期二</li>
        <li>星期三</li>
        <li>星期四</li>
        <li>星期五</li>
    </ul>
</div>
<div id="right">></div>
<div class="box">
    <ul id="timeTable">
        <li>采购洗衣机 2000 台</li>
        <li>采购电视机 5600 台</li>
        <li>采购电冰箱 3200 台</li>
        <li>采购空调 8900 台</li>
        <li>采购电脑 1800 台</li>
    </ul>
</div>
<script src="jquery.min.js"></script>
<script>
    $(function(){
        var nowIndex=0;//定义一个变量，表示 li 的索引值
        var liIndex=$("#timeTable li").length;//获取 timeTable 中 li 的个数
        //单击向左箭头时，判断 li 的索引值
```

179

```
$("#left").click(function(){
    if(nowIndex>0){
        nowIndex=nowIndex-1;
    }
    else{
        nowIndex=liIndex-1;
    }
    change(nowIndex);
    change1(nowIndex);
})
//单击 right 时，判断 li 的索引值
$("#right").click(function(){
    if(nowIndex<liIndex-1){
        nowIndex=nowIndex+1;
    }
    else {
        nowIndex=0;
    }
    change(nowIndex);
    change1(nowIndex);
});
// timeLine 的移动方法
function change(index){
    var ulmove=index*140;
    $(".timeLine").animate({left:"-"+ulmove+"px"},50)
        .find("li").removeClass("now").eq(index).addClass("now");
}
// timeTable 的移动方法
function change1(index){
    var ulmove=index*400;
    $("#timeTable").animate({left:"-"+ulmove+"px"},100);
}
})
</script>
</body>
</html>
```

运行以上程序代码，结果如图 9-1 所示，单击左右箭头，时间轴上的日期和下面的内容也随之发生变化，效果如图 9-2 所示。

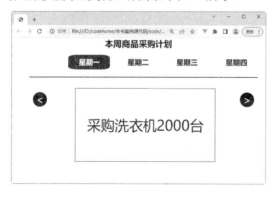

图 9-1　页面加载结果

图 9-2　单击右侧"箭头"后的页面效果

9.2　设计 tab 页面切换效果

tab 页面切换效果是各大网站都经常使用的一种效果。下面通过实例来学习设计 tab 页面切换效果的方法。

实例 2　设计 tab 页面切换效果(案例文件：ch09\9.2.html)

本实例实现的原理是：当<ul class="main">中的某个<li>标记上发生 mouseover 事件时，首先删除所有<li>标记的样式，使其全部显示初始颜色，然后给当前单击的按钮添加指定类名，使其显示蓝色背景。

本实例的<ul class="box">里面包括 4 个<li>，默认只显示一个。为每个<li>标记添加自定义属性 index，用来关联<ul class="box">。具体实现代码如下。

```html
<!DOCTYPE html>
<html>
<head>
    <meta charset="utf-8">
    <title>tab 页面切换效果</title>
    <style>
        * {
            margin: 0;
            padding: 0;
        }
        ul{
            width: 400px;
            margin: 15px;
        }
        ul li {
            list-style: none;
        }
        .main li {
            text-align: center;
            float: left;
            width: 100px;
            border: 1px solid #000000;
            box-sizing:border-box;
            cursor: pointer;
        }
        .main .style1 {
            width: 100px;
            color: #fff;
            font-weight: bold;
            background-color: blue;
        }
        .box{
            width: 400px;
            height: 200px;
            background-color:#f3f2e7;
            border: 1px solid #837979;
            box-sizing:border-box;
```

```
                padding: 50px;
        }
        .box li{
                display: none;
        }
        p{
                margin-top: 15px;
        }
    </style>
</head>
<body>
<ul class="main">
    <li class="style1">家用电器</li>
    <li>办公设备</li>
    <li>食品酒类</li>
    <li>玩具乐器</li>
</ul>
<ul class="box">
    <li>
        <p>电视机</p>
        <p>空调</p>
        <p>洗衣机</p>
        <p>豆浆机</p>
    </li>
    <li>
        <p>电脑</p>
        <p>笔记本</p>
        <p>投影仪</p>
        <p>路由器</p>
    </li>
    <li>
        <p>牛肉</p>
        <p>鱼类</p>
        <p>白酒</p>
        <p>葡萄酒</p>
    </li>
    <li>
        <p>智益玩具</p>
        <p>拼装玩具</p>
        <p>钢琴</p>
        <p>电子琴</p>
    </li>
</ul>
</body>
</html>
<script src="jquery.min.js"></script>
<script>
    $(function () {
        //页面加载完成后，页面默认的效果
        $(".box li:eq(0)").show();
        //利用 each 方法遍历 main 中的每个 li
        $(".main li").each(function(index){
            //为每个 li 绑定 mouseover
            $(this).mouseover(function(){
```

```
            //addClass()增加当前样式，removeClass()移除当前单击之外的其他兄弟
            //元素的样式，$(this)表示 main 中的每个 li
            $(this).addClass("main style1").siblings().removeClass("style1");
            //根据$(this)的 index 属性关联 box，显示相对应的内容
            $(".box li:eq("+index+")").show().siblings().hide();
        })
      })
   })
</script>
```

运行以上程序代码，结果如图 9-3 所示，当鼠标悬浮在每个分类元素上时，下面的内容也会随着改变，如图 9-4 所示。

图 9-3　页面加载结果

图 9-4　鼠标悬浮"食品酒类"后的页面效果

9.3　设计滑动门特效

当鼠标滑过图片时，图片如同滑动的门一样可以向上、下、左、右四个方向滑动，这就是滑动门的效果。

实例 3　设计滑动门特效(案例文件：ch09\9.3.html)

本节实例主要设计鼠标滑过元素 div 时向左滑动的效果。

```html
<!DOCTYPE html>
<html>
<head>
   <meta charset="UTF-8">
   <title>滑动门特效</title>
   <style>
      #container{
         position: relative;
         width: 850px;
         height: 400px;
         overflow: hidden;
      }
      .div1{
         position: absolute;
         width: 400px;
         height: 400px;
```

245

34363423233323232323232323232

```css
        color: white;
        font-size: 30px;
        font-weight: bold;
    }
    .first{background: #FF69B4;}
    .two{background:#00FF7F;}
    .three{background:#7A67EE;}
    .four{background:#B23AEE;}
    </style>
</head>
<body>
<div id="container">
    <div class="div1 first">滑动门一</div>
    <div class="div1 two">滑动门二</div>
    <div class="div1 three">滑动门三</div>
    <div class="div1 four">滑动门四</div>
</div>
</body>
</html>
<script src="jquery.min.js"></script>
<script>
    $(function(){
        //获取每个div的宽度
        var width = $('.div1').eq(0).width();
        //设置叠在一起的div的宽度
        var overlap = 150;
        //初始化每个div的位置
        function position() {
            //第一个div的left为0，第二个为width+0*overlap，第三个为
width+1*overlap，第四个为width+2*overlap。
            for (var i = 0; i < $('.div1').length; i++) {
                if(i > 0){
                    $('.div1').eq(i).css("left",(width+ overlap * (i - 1)+"px"))
                }
                else{
                    $('.div1').eq(i).css("left",0)
                }
            }
        }
        //调用初始化函数
        position();
        //计算鼠标滑过时需要移动的div移动的距离
        var move= width - overlap;
        for (var i=0;i<$('.div1').length;i++){
            //使用闭包，为每个div添加mouseover事件
            (function(i){
                $('.div1').eq(i).mouseover(function(){
                    //每次移动先初始化位置
                    position();
                    //除了第一个div之外，第i个div之前的图片都向左移动move
                    if (i >= 1) {
                        for (var j = 1; j <= i; j++){
                            $('.div1').eq(j).css(
                                "left",$('.div1').eq(j).offset().left-move+ 'px'
```

```
                )
              }
            }
          })
        })(i);
      }
    })
</script>
```

以上代码的运行结果如图 9-5 所示，把鼠标滑过第二个 div 时，第二个 div 向左移动一定的距离，效果如图 9-6 所示。

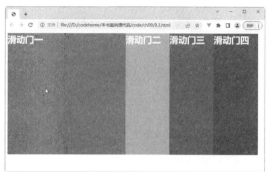

图 9-5　页面加载结果

图 9-6　鼠标滑过第二个 div 时的页面效果

9.4　设计焦点图轮播特效

焦点图轮播是组合播放图片的形式。据国外的设计机构调查统计，网站焦点图的单击率明显高于纯文字，在很多的购物网主页面可以看到焦点图轮播特效。

实例 4　设计焦点图轮播特效(案例文件：ch09\9.4.html)

```
<!DOCTYPE html>
<html lang="en">
<head>
    <meta charset="UTF-8">
    <title>焦点图轮播效果</title>
    <style>
        *{
            margin:0;
            padding:0;
        }
        .box{
            width: 500px;
            height: 300px;
            margin: 30px auto;
            overflow: hidden;
            position: relative;

        }
        #ulList{
            list-style: none;
```

```
            width: 1000%;
            position: absolute;
        }
        #ulList li{
            width: 500px;  height: 300px;  float: left;
        }
        .olList{
            width: 300px;  height: 40px; position: absolute;  left: 100px;
            bottom: 30px;  list-style: none;
        }
        .olList li{
            float: left;  width: 40px;  height: 40px;  line-height: 40px;
            text-align: center;  margin: 0 10px ;  background-color: #fff;
            border-radius: 50%;  cursor:pointer;
        }
        .olList .now{
            background-color: red;
            color:#fff;
        }
        #left,#right{
            position:absolute;background:#0000FF;color:white;
            font-size:30px;font-weight:bold;text-align: center;
            line-height:40px;border-radius: 50%;
            width:40px;height:40px;cursor:pointer;
        }
        #left{ left:0;top: 45%;}
        #right{ right:0;top: 45%; }
    </style>
</head>
<body>
<div class="box">
    <ul id="ulList">
        <li><img src="imgs/1.png" alt="" width="100%"></li>
        <li><img src="imgs/2.png" alt="" width="100%"></li>
        <li><img src="imgs/3.png" alt="" width="100%"></li>
        <li><img src="imgs/4.png" alt="" width="100%"></li>
    </ul>
    <ol class="olList">
        <li class="now">1</li>
        <li>2</li>
        <li>3</li>
        <li>4</li>
    </ol>
    <div id="left"><</div>
    <div id="right">></div>
</div>
</body>
</html>
<script src="jquery.min.js"></script>
<script>
    $(function(){
        //定义变量nowIndex=0；用于表示li 索引值
        var  nowIndex=0;
```

```
    var liNumber=$("#ulList li").length; //获取 ulList 中 li 的个数
    //定义轮播的方法，包括 ulList 移动的距离和 olList 中 li 的 CSS 样式的变化
    function change(index){
        var ulMove=index*500;//设置 ulList 向左移动的距离
        $("#ulList").animate({left:"-"+ulMove+"px"},500);
        //先移出 olList 所有 li 的 now 样式，然后给对应的 olList 的 li 添加样式 now
        $(".olList").find("li").removeClass("now").eq(index).addClass("now");
    }
    //使用 setInterval()方法实现自动轮播
    var useInt=setInterval(function(){
    /*
    判断 nowInterval 与最大索引值 liNumber-1 的大小，如果小于，
    nowInterval++，如果大于或者等于，nowInterval=0，
    回到刚开始时的位置。
    */
        if(nowIndex<liNumber-1){
            nowIndex++;
        }else{
            nowIndex=0;
        }
        //调用轮播方法 change(),并传入索引值 nowInterval
        change(nowIndex);
    },2500); //设置每轮播一张的时间为 2.5 秒
    /*清除定时器后，重置定时器时，调用的方法。
    也就是把 8~15 代码封装成了 useIntAgain()方法
    */
    function useIntAgain(){
        useInt=setInterval(function(){
            if(nowIndex<liNumber-1){
                nowIndex++;
            }else{
                nowIndex=0;
            }
            change(nowIndex);
        },2500);}
    /*当鼠标悬浮在左边箭头 left 时，清除定时器，移出时重置定时器，
    调用 useIntAgain()方法，让轮播图自动播放
    */
$("#left").hover(function(){
        clearInterval(useInt);
    }, function(){
        useIntAgain();
    });
    /*给 left 添加单击事件，当我们单击左箭头 left 时，
    先判断当前轮播图的索引值 nowIndex 是否大于 0，大于 0 时，
    nowIndex=nowIndex-1，小于或等于 0 时，nowIndex=liNumber-1。
    其中调用轮播方法 change(),并传入判断的索引值。*/
    $("#left").click(function(){
        nowIndex = (nowIndex > 0) ? (--nowIndex) : (liNumber-1);
        change(nowIndex);
    })
    $("#right").hover(function(){
        clearInterval(useInt);
```

```
    },function(){
        useIntAgain();
    });
    /*给 right 添加单击事件，当单击右箭头 right 时，
      先判断当前轮播图的索引值 nowIndex 是否小于最大索引值 liNumber-1，
    小于 liNumber-1 时，nowIndex=nowIndex+1，大于或等于 liNumber-1 时，
    nowIndex=0。调用轮播方法 change()，并传入判断的索引值。
    调用轮播方法 change()，并传入判断的索引值。
    */
    $("#right").click(function(){
        nowIndex=(nowIndex<liNumber-1) ? (++nowIndex) : 0
        change(nowIndex);
    });
    利用 each()方法为 olList 中的每个 li 绑定一个函数。
    */
    $(".olList li").each(function(item){
    /*使用 hover()方法，当鼠标移入 olList 中的某个 li 时，
    清除定时器。这时索引值 nowIndex=item;
    其中调用轮播方法 change()，传入索引值 nowIndex
    */
        $(this).hover(function(){
            clearInterval(useInt);
            nowIndex = item;
            change(item);
        /*当鼠标移出 olList 中的 li 时，重置定时器，
        调用 useIntAgain()方法，让轮播图自动播放。
        */
        },function(){
            useIntAgain();
        });
    });
})
</script>
```

运行以上程序代码，结果如图 9-7 所示，等待 2.5 秒后，焦点图开始自动轮播。如果单击左右箭头，即可按顺序切换焦点图；如果将鼠标悬浮在带数字的小圆点上，将直接切换到对应的焦点图，效果如图 9-8 所示。

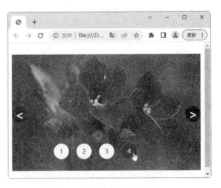

图 9-7　页面加载效果　　　　　　　图 9-8　切换图片效果

9.5 设计网页定位导航特效

本节实例实现网页定位导航效果。

实例5 设计网页定位导航特效(案例文件：ch09\9.5.html)

```html
<!DOCTYPE html>
<html>
<head>
    <meta charset="UTF-8">
    <title>网页定位导航</title>
    <style>
        *{margin:0;padding:0;}
        #nav{
            position:fixed;top:100px;left:50%;margin-left:-231px;width:80px;
        }
        #nav ul li{list-style:none;}
        #nav ul li a{
            display: block;margin:5px 0;font-size:14px;font-weight:
bold;width:80px;height:50px;
            line-height:50px;text-decoration: none;color:#333;text-align:
center;
        }
        #nav ul li a:hover,#nav ul li a.style{
            color:#fff;background:#FF8C00;
        }
        #content{ width:300px;margin:0 auto;padding:20px;height: 2000px;}
        #content h1{ color:#000000; }
        #content .item{
            padding:20px;margin-bottom:20px;border:1px solid #FF8C00;box-
sizing: content-box;
            height: 100px;
        }
        #content .item h2{
            font-size:16px;font-weight: bold;margin-bottom:10px;
        }
    </style>
</head>
<body>
<div id="nav">
    <ul>
        <li><a href="#item1" class="style">古诗1</a></li>
        <li><a href="#item2">古诗2</a></li>
        <li><a href="#item3">古诗3</a></li>
        <li><a href="#item4">古诗4</a></li>
    </ul>
</div>
<div id="content">
    <h1>经典古诗欣赏</h1>
    <div id="item1" class="item">
        <h2>古诗1：明月何皎皎</h2>
        <p>明月何皎皎，照我罗床帏。</p>
```

```
        <p>忧愁不能寐，揽衣起徘徊。</p>
        <p>客行虽云乐，不如早旋归。</p>
        <p>出户独彷徨，愁思当告谁。</p>
        <p>引领还入房，泪下沾裳衣。</p>
    </div>
    <div id="item2" class="item">
        <h2>古诗 2：客从远方来</h2>
        <p>客从远方来，遗我一端绮。</p>
        <p> 相去万余里，故人心尚尔。</p>
        <p>文彩双鸳鸯，裁为合欢被。</p>
        <p>著以长相思，缘以结不解。</p>
        <p>以胶投漆中，谁能别离此。</p>
    </div>
    <div id="item3" class="item">
        <h2>古诗 3：孟冬寒气至</h2>
        <p>孟冬寒气至，北风何惨栗。</p>
        <p>愁多知夜长，仰观众星列。</p>
        <p>三五明月满，四五蟾兔缺。</p>
        <p>客从远方来，遗我一书札。</p>
        <p>上言长相思，下言久离别。</p>
    </div>
    <div id="item4" class="item">
        <h2>古诗 4：生年不满百</h2>
        <p>生年不满百，常怀千岁忧。</p>
        <p>昼短苦夜长，何不秉烛游！</p>
        <p>为乐当及时，何能待来兹？</p>
        <p>愚者爱惜费，但为後世嗤。</p>
        <p>仙人王子乔，难可与等期。</p>
    </div>
</div>

</body>
</html>
<script src="jquery.min.js"></script>
<script>
    //调用 jQuery 中的 scroll()方法，当用户滚动浏览器窗口时，执行函数
    $(document).ready(function(){
        $(window).scroll(function(){
            //获取垂直滚动的距离 即当前滚动的地方的窗口顶端到整个页面顶端的距离
            var top=$(document).scrollTop();
            //使用 each()遍历 content 中的每个 div，并为每个 div 设置一个方法
            $("#content div").each(function(index){
                //把遍历的每个 div 赋值给 m，m 指$("#content div").eq(index)
                var m=$(this); //$("#content div").eq(index)
                获取 content 中的每个 div 距离浏览器窗口顶部的距离
                var itemTop=m.offset().top;
                //断滚动条与导航条的关系。当大部分内容出现时，导航条焦点就会跳到相应的位置
                if(top>itemTop-100){
                    //根据$("#content div")中的 id，拼接当前导航条中 a 标签的 id
                    var styleId="#"+m.attr("id");//attr()方法返回"m"的 id。
                    //删除所有 a 标签的 style 样式
                    $("#nav").find("a").removeClass("style");
                    //导航条焦点所在位置的 a 标签添加 style 样式
```

```
            $("#nav").find("[href='"+styleId+"']").addClass("style");
            }
        });
    });
});
</script>
```

运行以上程序代码,结果如图 9-9 所示;单击左边的固定导航时,右边的内容跟着切换,如图 9-10 所示;滑动滚动条的时候,左边的导航也随着右边内容的展示而进行颜色切换。网页定位导航非常适合展示内容较多和区块划分又很明显的页面。

图 9-9　页面加载效果

图 9-10　单击左侧"古诗 2"效果

9.6　设计导航条菜单效果

导航条菜单效果,就是当鼠标放到导航条上时,会弹出一个对应的下拉菜单。这与 tab 栏很像,不同的是当不操作导航条时,下拉菜单一直是隐藏的。

实例6　设计导航条菜单效果(案例文件:ch09\9.6.html)

```
<!DOCTYPE html>
<html>
<head>
    <meta charset="UTF-8">
    <title>导航条菜单效果</title>
    <style>
```

```
/*
在 Position 属性值为 absolute 的同时，
如果有一级父对象(无论是父对象还是祖父对象，或者再高的辈分，都一样)的 Position 属性值
为 Relative 时，则上述的相对浏览器窗口定位将会变成相对父对象定位，这对精确定位
是很有帮助的。
*/
*{
    margin: 0;
    padding: 0;
    list-style-type:none;
}
.nav{
    width: 605px;
    height:40px;
    line-height: 40px;
    text-align: center;
    font-size: 20px;
    position: relative;
    background: #8B8B7A;
    margin: 20px auto;
}
.nav-main{
    width: 100%;
    height: 100%;
    list-style: none;
}

.nav-main>li{
    width: 120px;
    height: 100%;
    float: left;
    background: #8B8B7A;
    color: #fff;
    cursor:pointer;
}
.nav-main>li:hover{
    background:#8B8B7A;
}
/*隐藏菜单盒子属性的设置*/
.hidden{
    width:120px;
    font-size: 16px;
    border:1px solid #8B8B7A;
    box-sizing: border-box;
    border-top:0;
    position:absolute;
    display:none;
    background:#fff;
    top:40px;
}
.hidden>ul{
    list-style: none;
    cursor: pointer;
}
.hidden li:hover{
```

```
                background:#8B8B7A;
                color: #fff;
            }
            /*隐藏菜单盒子位置的设置*/
            #box1{left: 121px;}
            #box2{left: 242px;}
            #box3{left: 363px;}
            #box4{left:485px;}
        </style>
</head>
<body>
<!--nav-->
<div class="nav">
        <!--导航条-->
        <ul class="nav-main">
            <li>首页</li>
            <li id="li1">经典课程</li>
            <li id="li2">热门技术</li>
            <li id="li3">联系我们</li>
        </ul>
        <!--隐藏盒子-->
        <div id="box1" class="hidden">
            <ul>
                <li>网络安全训练营</li>
                <li>网站开发训练营</li>
                <li>人工智能训练营</li>
                <li>PHP 开发训练营</li>
            </ul>
        </div>
        <div id="box2" class="hidden">
            <ul>
                <li>Python 技术</li>
                <li>Java 技术</li>
                <li>PHP 技术</li>
            </ul>
        </div>
        <div id="box3" class="hidden">
            <ul>
                <li>联系我们</li>
                <li>团队介绍</li>
                <li>联系方式</li>
            </ul>
        </div>
    </div>
</body>
</html>
<script src="jquery.min.js"></script>
<script>
    $(document).ready(function(){
        //定义变量 num，后面用于接收 id 的最后一个字符串
        var num;
        $('.nav-main>li').hover(function(){
            /*下拉框出现*/
            //获取$('.nav-main>li')的 id，通过 console.log(Obj)可以在后台看到
```

```
        var Obj = $(this).attr('id');
        //判断有 id 的 li
        console.log(Obj)
        if(Obj!=null){
            num =Obj.charAt(Obj.length-1);//获取 id 最的最后一个字符串
        }else{
            num=null;
        }
        $('#box'+num).slideDown(200);//'#box-'+num 是拼接的 id 名
        //滑动完成后执行的函数
    },function(){
        /*下拉框消失*/
        $('#box'+num).hide();
    });
    $('.hidden').hover(
        function(){
            $(this).show();
            //滑动完成后执行的函数
        }, function(){
            $(this).slideUp(200);
        });
    });
</script>
```

运行以上程序代码，结果如图 9-11 所示。当鼠标悬浮在除了"首页"以外的导航条上时，相应的下拉菜单会显示出来，并且菜单栏里的分类也可以选择，如图 9-12 所示。

图 9-11　页面加载结果

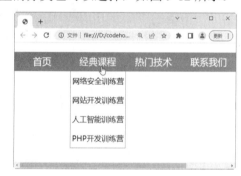

图 9-12　下拉菜单显示效果

9.7　设计瀑布流特效

瀑布流是一种网站的页面布局，视觉上参差不齐、多栏，随着页面不断地滚动，页面底部会不断加载数据。

实例7　设计瀑布流特效(案例文件：ch09\9.7.html)

```
<!DOCTYPE html>
<html>
<head>
    <meta charset="UTF-8">
    <title>瀑布流特效</title>
```

```
    <style>
        *{margin: 0;padding: 0;}
        .waterfall {
            float:left;
            list-style:none;
            padding: 15px;
        }
        .waterfall li {
            box-shadow: 0 1px 1px 0;
        }
    </style>
</head>
<body>
<div id="box">
        <ul class="waterfall">
            <li><img src="imgs/5.png"/></li>
            <li><img src="imgs/6.png"/></li>
            <li><img src="imgs/7.png"/></li>
            <li><img src="imgs/9.png"/></li>
        </ul>
        <ul class="waterfall">
            <li><img src="imgs/9.png"/></li>
            <li><img src="imgs/5.png"/></li>
            <li><img src="imgs/6.png"/></li>
            <li><img src="imgs/7.png"/></li>
        </ul>
        <ul class="waterfall">
            <li><img src="imgs/9.png"/></li>
            <li><img src="imgs/7.png"/></li>
            <li><img src="imgs/5.png"/></li>
            <li><img src="imgs/6.png"/></li>
        </ul>
</div>
</body>
</html>
<script src="jquery.min.js"></script>
<script>
    //调用 jQuery 中的 scroll()方法，当用户滚动浏览器窗口时，执行函数
    $(function(){
        $(document).scroll(function(){
            //获取浏览器窗口滚动的垂直距离
            var top=$(document).scrollTop();
            //使用 each()遍历每个 waterfall，并为每个 waterfall 设置一个方法
            $(".waterfall").each(function(index){
                //把遍历的每个 waterfall 赋值给 pic
                var pic=$(".waterfall").eq(index);
                //pic.offset().top 获得 pic 的位移高度
                var bottom =pic.offset().top+pic.height();
                if((top+$(window).height())>=bottom){
                    /*执行复制 waterfall 中的 li，并把它添加到 waterfall 中。
                    这样就实现了，不断加载数据块并附加至底部
                    */
                    var li=$('.waterfall li').clone(true);
                    $(".waterfall ").append(li);
                }
```

```
        })
    });
});
</script>
```

运行以上程序代码，结果如图 9-13 所示，当向下滚动滚动条时，效果如图 9-14 所示。

图 9-13　页面加载效果　　　　　图 9-14　向下滚动滚动条效果

9.8　设计弹出层效果

弹出层多用于表单验证，如登录成功或注册成功时，会弹出一个层来表示你是否成功的消息。实现弹出层的思路很简单：就是将内容先隐藏，在触发某种条件(如单击按钮)后，将原本隐藏的内容显示出来。

实例 8　设计弹出层效果(案例文件：ch09\9.8.html)

```
<!DOCTYPE html>
<html lang="en">
<head>
    <meta charset="UTF-8">
    <title>弹出层特效</title>
    <style>
        *{padding:0;margin:0;}
        ul{list-style:none;margin:15px auto;}
        li{
            float:left;
            font-size:30px;
            margin-left:15px;
            border-bottom:2px solid purple;
            cursor:pointer;
        }
        .modals {
            display: none;
```

```
            width: 600px;
            height:350px;
            position: absolute;
            top: 0;left:0;bottom: 0;right: 0;
            margin: auto;
            padding: 25px;
            border-radius: 8px;
            background-color: #fff;
            box-shadow: 0 3px 18px rgba(0,0,255,0.5);
        }
        .head{
            height:40px;  width:100%;  border-bottom: 1px solid gray;
        }
        .head h2{
            float: left;
        }
        .head span{
            float: right;cursor: pointer;font-weight:bold;display:block;
        }
        .foot{
            height:50px;line-height:50px;width:100%;border-top:1px solid
gray;text-align: right;
        }
        .comment,.foot-close{
            padding:8px 15px;margin:10px 5px;  border: none;
            border-radius: 5px;background-color: #337AB7;color:
#fff;cursor:pointer;
        }
        .comment{
            background-color:#FFF;border:1px #CECECE solid;color: #000;
        }
        .box{
            width:550px;
            height: 250px;
            padding-top:20px;
            padding-left:20px;
            line-height:35px;
            text-indent:2em;
        }
    </style>
</head>
<body>
<ul>
    <li class="click1">苹果</li>
    <li class="click2">香蕉</li>
    <li class="click3">葡萄</li>
</ul>
<!--弹出框-->
<div class="modals">
    <div class="head">
        <h2>苹果</h2>
        <span class="modals-close">X</span>
    </div>
    <div class="box">
        <p>
```

> 苹果是蔷薇科植物，其树为落叶乔木。苹果的营养价值很高，富含矿物质和维生素，含钙量丰富，有助于代谢掉体内多余盐分，苹果酸可代谢热量，防止下半身肥胖。苹果是一种低热量的食物，每 100 克产生大约 60 千卡左右的热量。苹果中的营养成分可溶性大，容易被人体吸收，故有"活水"之称。它有利于溶解硫元素，使皮肤润滑柔嫩。

```
        </p>
    </div>
    <div class="foot">
        <input type="button" value="购买" class="comment" />
        <input type="button" value="关闭" class="foot-close modals-close"/>
    </div>
</div>
</body>
</html>
<script src="jquery.min.js"></script>
<script>
    $(function(){
        $('.modals-close').click(function () {
            $('.modals').hide();
        });
        $('.click1').click(function () {
            $('.modals').show();
        });
    })
</script>
```

运行以上程序代码，结果如图 9-15 所示，单击"苹果"时，会弹出一个对话框，里面的内容是对苹果的介绍，效果如图 9-16 所示。

图 9-15 页面加载效果   图 9-16 弹出对话框效果

9.9 设计倒计时效果

一说到倒计时效果，大家肯定不会陌生，各大商场打折时间，一般都是采取倒计时的形式。setInterval()方法可用于实现倒计时效果，用它来设定一个时间，时间到了，就会执行一个指定的方法。

本节实例是计算当前时间距离 2024 年 1 月 1 日还有多长时间。

实例 9 设计倒计时效果(案例文件: ch09\9.9.html)

```html
<!DOCTYPE html>
<html>
<head>
    <meta charset="UTF-8">
    <title>设计倒计时效果</title>
    <style>
        h1 {
            font-size:30px;
            margin:20px 0;
            border-bottom:solid 1px #cccccc;
        }
        .time div{
            width: 80px;
            height: 50px;
            font-size: 30px;
            color: white;
            float: left;
            text-align: center;
            line-height: 50px;
            background: limegreen;
            margin-left: 15px;

        }
    </style>
</head>
<body>
<h1>距离 2023 年 1 月 1 日还有多长时间? </h1>
<div class="time">
    <div id="day">0 天</div>
    <div id="hour">0 时</div>
    <div id="minute">0 分</div>
    <div id="second">0 秒</div>
</div>
</body>
</html>
<script src="jquery.min.js"></script>
<script>
    $(function(){
        var date=new Date().getTime();//获取当前的时间距离 1970 年 1 月 1 日的毫秒数
        var date1=new Date(2024,1,1).getTime();
        //获取 2024 年 1 月 1 日距离 1970 年 1 月 1 日的毫秒数
        var value=(date1-date)/1000;//2024 年 1 月 1 日距离当前时间的秒数差值
        var integer= parseInt(value);//倒计时总秒数量
        function timer(size){
            window.setInterval(function(){
                if(size>0){
                    var day=Math.floor(size/(60*60*24));
                    var hour=Math.floor(size/(60*60))-(day*24);
                    var minute=Math.floor(size/60)-(day*24*60)-(hour*60);
                    var second=Math.floor(size)-(day*24*60*60)-(hour*60*60)-
(minute*60);
                }else{
                    alert('时间已过期')
```

```
        }
        if (minute <= 9){minute='0'+minute}//如果分钟值小于10，前面加上0
        if (second <= 9){second='0'+second}
        $('#day').html(day+"天");
        $('#hour').html(hour+'时');
        $('#minute').html(minute+'分');
        $('#second').html(second+'秒');
        size--;
    }, 1000);
    }
    timer(integer);
});
</script>
```

运行以上程序代码，结果如图 9-17 所示。

图 9-17   倒计时效果

9.10   设计抽奖效果

本节将设计一个抽奖的效果，转盘和奖区由两张图片构成，当单击转盘时，转盘会旋转随机角度，指针执行哪块奖区，将弹出对应的奖品信息。

本实例对抽奖次数进行了限制，这里设置了只能抽 3 次，而且设置了"汽车"永远不会被抽到。

实例 10   设计抽奖效果(案例文件：ch09\9.10.html)

本实例引入了 jQuery 中的旋转插件 jQueryRotate.js，调用其中的 totate()方法来使转盘旋转。

注
意   要先引入 jquery.js 文件，然后引入 jQueryRotate.js 文件。

```
<!DOCTYPE html>
<html>
<head>
    <meta charset="UTF-8">
    <title>抽奖效果</title>
    <style>
        #div1{
            position: absolute;
        }
```

```
        #div2{
            position: absolute;
            left: 232px;
            top: 235px;
        }
    </style>
</head>
<body>
<div id="div1"><img src="imgs/back.jpg" alt=""></div>
<div id="div2"><img src="imgs/start.png" alt=""></div>
</body>
</html>
<script src="jquery.min.js"></script>
<script src="jQueryRotate.js"></script>
<script>
    $(function(){
        var rotateAngle;
        var a=0;
        $("#div2").click(function(){
            a++;
            if(a>3){
                alert('你只有 3 次机会');
                return;
            }
            rotateAngle=Math.random()*360;//随机角度
            if(0<rotateAngle<=51.2){
                rotateAngle=Math.random()*300+60;
            }
            $(this).rotate({
                duration:3000,//旋转时间 3 秒
                angle:0,//角度从 0 开始
                animateTo:rotateAngle+360*5,
                callback:function(){
                    call();
                }
            })
        });
        function call(){
            if(0<rotateAngle&&rotateAngle<=51.2){
                alert("恭喜你，中了特等奖，一辆宝马");
                return;
            }
            else if(51.2<rotateAngle&&rotateAngle<=102.4){
                alert("很遗憾，谢谢参与");
                return;
            }
            else if(102.4<rotateAngle&&rotateAngle<=153.6){
                alert("恭喜你，中了 100 元");
                return;
            }
            else if(153.6<rotateAngle&&rotateAngle<=204.8){
                alert("恭喜你，中了三等奖 500 元");
                return;
            }
            else if(204.8<rotateAngle&&rotateAngle<=256){
```

```
            alert("恭喜你，中了一等奖5000元");
            return;
        }
        else if(256<rotateAngle&&rotateAngle<=307.2){
            alert("很遗憾，谢谢参与");
            return;
        }
        else{
            alert("恭喜你，中二等奖1000元");
            return;
        }
    }
})
</script>
```

运行以上程序代码，结果如图 9-18 所示。单击转盘抽奖时，转盘转动随机角度，弹出对应的奖品，如图 9-19 所示。当单击次数超过 3 次时，会弹出"你只有 3 次机会"，如图 9-20所示。

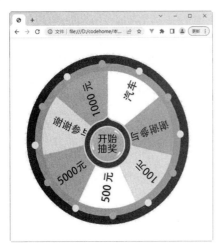

图 9-18　页面加载效果

图 9-19　抽奖效果

图 9-20　限制抽奖次数

9.11　上　机　练　习

练习 1：设计 3D 圆盘旋转焦点图

本练习要求使用 jQuery 设计一个 3D 圆盘旋转焦点图，程序运行结果如图 9-21 所示。使用鼠标拖动滑块即可实现图片旋转效果，另外还支持滚动鼠标滚轮实现图片旋转效果。

练习 2：设计飘带式下拉菜单

本练习要求使用 jQuery 设计一个飘带式下拉菜单，程序运行结果如图 9-22 所示。

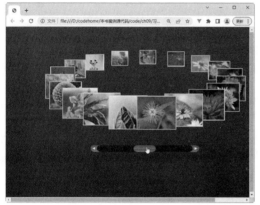
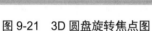

图 9-21　3D 圆盘旋转焦点图　　　　　　图 9-22　飘带式下拉菜单

第10章

设计响应式网页

　　响应式网站设计是目前非常流行的一种网络页面设计布局。响应式网页设计布局可以智能地根据用户行为以及不同的设备（台式电脑、平板电脑或智能手机）让内容适应性展示，从而让用户在不同的设备上都能够友好地浏览网页的内容。本章将重点学习响应式网页设计的原理和设计方法。

10.1 什么是响应式网页设计

随着移动用户数量的快速增长，通过智能手机和平板电脑等移动设备上网已经非常流行。而为计算机端开发的网站在移动端浏览时页面内容会变形，从而影响预览效果。解决上述问题的常见方法有以下 3 种。

(1) 创建一个单独的移动版网站，然后配备独立的域名。移动用户需要用移动网站的域名进行访问。

(2) 在当前的域名内创建一个单独的网站，专门服务于移动用户。

(3) 利用响应式网页设计技术，使页面能够自动切换分辨率、图片尺寸等，以适应不同的设备，并可以在不同的浏览终端实现网站数据的同步更新，从而为不同终端的用户提供更加美好的用户体验。

例如清华大学出版社的官网，在计算机端访问该网站主页时，预览效果如图 10-1 所示，在手机端访问该网站主页时，预览效果如图 10-2 所示。

图 10-1 计算机端浏览主页的效果　　　　　图 10-2 手机端浏览主页的效果

响应式网页设计的技术原理如下。

(1) 通过<meta>标记来设置页面格式、内容、关键字和刷新页面等，从而帮助浏览器精准地显示网页的内容。

(2) 通过媒体查询适配对应的样式。通过不同的媒体类型和条件定义样式表规则,获取的值可以设置设备的手持方向,水平方向还是垂直方向,设备的分辨率等。

(3) 通过第三方框架来实现。例如利用目前比较流行的 Boostrap 和 Vue 框架,可以更高效地实现网页的响应式设计。

10.2　像素和屏幕分辨率

在响应式设计中,像素是一个非常重要的概念。像素是计算机屏幕中显示特定颜色的最小单位。屏幕中的像素越多,同一范围内能看到的内容就越多。或者说,当设备尺寸相同时,像素越密集,画面就越精细。

在设计网页元素的属性时,通常是通过 width 属性来设置宽度。当不同的设备显示同一个设定宽度时,到底显示的宽度是多少像素呢?

要解决这个问题,首先要理解两个基本概念,那就是设备像素和 CSS 像素。

1. 设备像素

设备像素指的是设备屏幕的物理像素,任何设备的物理像素数量都是固定的。

2. CSS 像素

CSS 像素是 CSS 中使用的一个抽象概念。它和物理像素之间的比例取决于屏幕的特性以及用户进行的缩放,由浏览器自行换算。

由此可知,具体显示的像素数目,是和设备像素密切相关的。

屏幕分辨率是指纵横方向上的像素个数。屏幕分辨率确定计算机屏幕上显示信息的多少,以水平和垂直像素来衡量。就相同大小的屏幕而言,当屏幕分辨率低时(如 640×480),在屏幕上显示的像素少,单个像素尺寸比较大;屏幕分辨率高时(如 1600×1200),在屏幕上显示的像素多,单个像素尺寸比较小。

显示分辨率就是屏幕上显示的像素个数,分辨率 160×128 的意思是水平方向有 160 个像素,垂直方向有 128 个像素。屏幕尺寸一样的情况下,分辨率越高,显示效果就越精细和细腻。

10.3　视　　口

视口(viewport)和窗口(window)是两个不同的概念。在计算机端,视口指的是浏览器的可视区域,其宽度和浏览器窗口的宽度保持一致。而在移动端,视口较为复杂,它是与移动设备相关的一个矩形区域,分辨率单位与设备有关。

10.3.1　视口的分类和常用属性

移动端浏览器通常的宽度是 240~640 像素,而大多数为计算机端设计的网站宽度至少为 800 像素，如果仍以浏览器窗口作为视口的话，计算机端设计的网站内容在手机上看起来会非常窄。

因此，引入了布局视口、视觉视口和理想视口 3 个概念，使得移动端的视口与浏览器宽度不再相关联。

1. 布局视口

一般移动设备的浏览器都默认设置了一个 viewport 元标记，定义一个虚拟的布局视口，用于解决早期的页面在手机上显示的问题。iOS 和 Android 基本都将这个视口分辨率设置为 980 像素，所以 PC 上的网页基本能在手机上呈现，只不过元素看上去很小，一般默认可以手动缩放网页。

布局视口可以使视口与移动端浏览器屏幕宽度完全独立。CSS 布局将会根据布局视口来进行计算，并被它约束。

2. 视觉视口

视觉视口是用户当前看到的区域，用户可以通过缩放操作视觉视口，同时不会影响布局视口。

3. 理想视口

布局视口的默认宽度并不是一个理想的宽度，于是浏览器厂商引入了理想视口的概念，它对设备而言是最理想的布局视口尺寸。显示在理想视口中的网站具有最理想的宽度，用户无须进行缩放。

理想视口的值其实就是屏幕分辨率的值，它对应的像素叫做设备逻辑像素。设备逻辑像素和设备的物理像素无关，一个设备逻辑像素在任意像素密度的设备屏幕上都占据相同的空间。如果用户没有进行缩放，那么一个 CSS 像素就等于一个设备逻辑像素。

用下面的方法可以使布局视口与理想视口的宽度一致，代码如下：

```
<meta name="viewport" content="width=device-width">
```

这里的 viewport 属性对响应式设计起着非常重要的作用。该属性中常用的属性值和含义如下。

(1) width：设置布局视口的宽度。该属性可以设置为数字值或 device-width，单位为像素。

(2) height：设置布局视口的高度。该属性可以设置为数字值或 device-height，单位为像素。

(3) initial-scale：设置页面初始缩放比例。

(4) minimum-scale：设置页面最小缩放比例。

(5) maximum-scale：设置页面最大缩放比例。

(6) user-scalable：设置用户是否可以缩放。yes 表示可以缩放，no 表示禁止缩放。

10.3.2　媒体查询

媒体查询的核心就是根据设备显示器的特征(视口宽度、屏幕比例和设备方向)来设定

CSS 的样式。媒体查询由媒体类型和一个或多个检测媒体特性的条件表达式组成。通过媒体查询，可以实现同一个 HTML 页面，根据不同的输出设备，显示不同的外观效果。

媒体查询的使用方法是在<head>标记中添加 viewport 属性，具体代码如下：

```
<meta name="viewport" content="width=device-width",initial-
scale=1,maximum-scale=1.0,user-scalable="no">
```

然后使用@media 关键字编写 CSS 媒体查询内容。例如以下代码：

```
/*当设备宽度在 450 像素和 650 像素之间时，显示背景图片为 m1.gif*/
@media screen and (max-width:650px) and (min-width:450px){
    header{
        background-image: url(m1.gif);
    }
}
/*当设备宽度小于或等于 450 像素时，显示背景图片为 m2.gif*/
@media screen and (max-width:450px){
    header{
        background-image: url(m2.gif);
    }
}
```

上述代码实现的功能是根据屏幕的大小显示不同的背景图片。当设备屏幕宽度在 450 像素和 650 像素之间时，媒体查询中设置背景图片为 m1.gif；当设备屏幕宽度小于或等于 450 像素时，媒体查询中设置背景图片为 m2.gif。

10.4　响应式网页的布局设计

响应式网页的布局设计的主要特点是根据不同的设备显示不同的页面布局效果。

10.4.1　常用布局类型

根据网页的列数可以将网页布局类型分为单列或多列布局。多列布局又可以分为均分多列布局和不均分多列布局。

1. 单列布局

网页单列布局模式是最简单的一种布局形式，也被称为"网页 1—1—1 型布局模式"。如图 10-3 所示为网页单列布局模式示意图。

2. 均分多列布局

列数大于或等于 2 列的布局类型。每列宽度相同，列与列间距相同，如图 10-4 所示。

图 10-3　网页单列布局

3. 不均分多列布局

列数大于或等于 2 列的布局类型。每列宽度不相同，列与列间距不同，如图 10-5 所示。

209

图 10-4　均分多列布局

图 10-5　不均分多列布局

10.4.2　布局的实现方式

实现布局设计有不同的方式，这里基于页面的实现单位(像素或百分比)而言，分为四种类型：固定布局、可切换的固定布局、弹性布局、混合布局。

(1) 固定布局：以像素作为页面的基本单位，不管设备屏幕及浏览器宽度，只设计一套固定宽度的页面布局，如图 10-6 所示。

(2) 可切换的固定布局：同样以像素作为页面单位，参考主流设备尺寸，设计几套不同宽度的布局，如图 10-7 所示。通过媒体查询技术设置不同的屏幕尺寸或浏览器宽度，选择最合适的宽度布局。

图 10-6　固定布局

图 10-7　可切换的固定布局

(3) 弹性布局：以百分比作为页面的基本单位，可以适应一定范围内所有尺寸的设备屏幕及浏览器宽度，并能完美利用有效空间展现最佳效果，如图 10-8 所示。

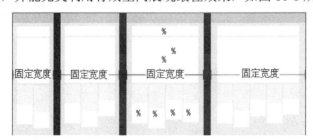

图 10-8　弹性布局

(4) 混合布局：同弹性布局类似，可以适应一定范围内所有尺寸的设备屏幕及浏览器宽度，并能完美利用有效空间展现最佳效果。只是用像素和百分比两种单位作为页面单位，如图 10-9 所示。

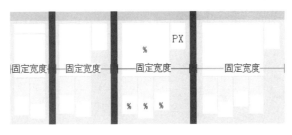

图 10-9　混合布局

可切换的固定布局、弹性布局和混合布局都是目前可被采用的响应式布局方式。其中，可切换的固定布局的实现成本最低，但拓展性比较差；而弹性布局与混合布局具有响应性，都是比较理想的响应式布局实现方式。只是对于不同类型的页面排版布局要实现响应式设计效果，需要采用不同的实现方式。通栏、等分结构的适合采用弹性布局方式，而对于非等分的多栏结构往往需要采用混合布局方式。

10.4.3　响应式布局的设计与实现

想要设计响应式页面，需要为相同内容进行不同宽度的布局设计，有两种方式：桌面计算机端优先(从桌面计算机端开始设计)和移动端优先(首先从移动端开始设计)。无论基于哪种模式的设计，要兼容所有设备，就需要对模块布局做一些相应的调整。

可以通过 JavaScript 获取设备的屏幕宽度，以改变网页的布局。常见的响应式布局方式有以下两种。

1. 模块内容不变

页面中整体模块内容不发生变化，通过调整模块的宽度，可以将模块内容从挤压调整到拉伸，从平铺调整到换行，如图 10-10 所示。

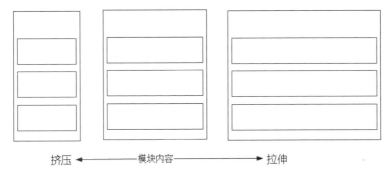

图 10-10　模块内容不变

2. 模块内容改变

页面中整体模块内容发生变化，通过媒体查询，检测当前设备的宽度，动态隐藏或显示模块内容，增加或减少模块的数量，如图 10-11 所示。

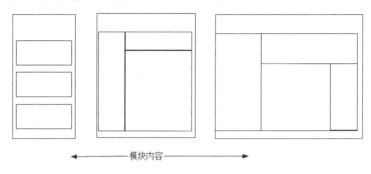

图 10-11　模块内容改变

10.5　响应式图片

实现响应式图片效果的常见方法有两种，即使用<picture>标签和 CSS 布局图片。

10.5.1　使用<picture>标签

<picture>标签可以实现在不同的设备上显示不同的图片，从而实现响应式图片的效果。语法格式如下：

```
<picture>
  <source media="(max-width: 600px)" srcset="m1.jpg">
  <img src="m2.jpg">
</picture>
```

<picture>标签包含<source>标签和<img>标签，根据不同设备屏幕的宽度，显示不同的图片。上述代码的功能是，当屏幕的宽度小于 600 像素时，将显示 m1.jpg 图片，否则将显示默认图片 m2.jpg。

 根据屏幕匹配的不同尺寸显示不同的图片，如果没有匹配到或浏览器不支持<picture>标签，则使用<img>标签内的图片。

实例1　使用<picture>标签实现响应式图片布局(案例文件：ch10\10.1.html)

本实例将通过使用<picture>标签、<source>标签和<img>标签，根据不同设备屏幕的宽度，显示不同的图片。当屏幕的宽度大于 800 像素时，将显示 m1.jpg 图片，否则将显示默认图片 m2.jpg。

```
<!DOCTYPE html>
<html>
<head>
<title>使用<picture>标签</title>
</head>
<body>
<h1>使用<picture>标签实现响应式图片</h1>
```

```
<picture>
  <source media="(min-width: 800px)" srcset="m1.jpg">
  <img src="m2.jpg">
</picture>
</body>
</html>
```

以上代码在计算机端的运行效果如图 10-12 所示。使用 Opera Mobile Emulator 模拟手机端的运行效果，如图 10-13 所示。

图 10-12　计算机端预览效果

图 10-13　模拟手机端预览效果

10.5.2　使用 CSS 图片

大尺寸图片可以在大屏幕上显示，但在小屏幕上却不能很好地显示。没有必要在小屏幕上加载大图片，这样很影响加载速度。所以可以利用媒体查询技术，使用 CSS 中的 media 关键字，根据不同的设备显示不同的图片。

语法格式如下：

```
@media screen and (min-width: 600px) {
CSS 样式信息
    }
```

上述代码的功能是，当屏幕大于 600 像素时，将应用大括号内的 CSS 样式。

实例 2　使用 CSS 图片实现响应式图片布局((案例文件：ch10\10.2.html)

本实例使用媒体查询技术中的 media 关键字，实现响应式图片布局。当屏幕宽度大于 800 像素时，显示图片 m3.jpg；当屏幕宽度小于 799 像素时，显示图片 m4.jpg。

```
<!DOCTYPE html>
<html>
<head>
<meta name="viewport" content="width=device-width",initial-
scale=1,maximum-scale=1.0,user-scalable="no">
<!--指定页头信息-->
```

```
<title>使用 CSS 图片</title>
<style>
    /*当屏幕宽度大于 800 像素时*/
    @media screen and (min-width: 800px) {
        .bcImg {
            background-image:url(m3.jpg);
            background-repeat: no-repeat;
            height: 500px;
        }
    }
    /*当屏幕宽度小于 799 像素时*/
    @media screen and (max-width: 799px) {
        .bcImg {
            background-image:url(m4.jpg);
            background-repeat: no-repeat;
            height: 500px;
        }
    }
</style>
</head>
<body>
<div class="bcImg"></div>
</body>
</html>
```

以上代码在计算机端的运行效果如图 10-14 所示。使用 Opera Mobile Emulator 模拟手机端的运行效果，如图 10-15 所示。

图 10-14　计算机端使用 CSS 图片预览效果　　图 10-15　模拟手机端使用 CSS 图片预览效果

10.6　响应式视频

相比于响应式图片，响应式视频的处理稍微要复杂一点。响应式视频不仅要处理视频播放器的尺寸，还要兼顾视频播放器的整体效果和体验问题。下面讲述如何使用<meta>标签处理响应式视频。

<meta>标签中的 viewport 属性可以设置网页设计的宽度和实际屏幕的宽度的大小关系。语法格式如下：

```
<meta name="viewport" content="width=device-width",initial-
scale=1,maximum-scale=1,user-scalable="no">
```

实例3　使用<meta>标签播放手机视频(案例文件：ch10\10.3.html)

本实例使用<meta>标签实现在手机端正常播放视频。首先使用<iframe>标签引入测试视频，然后通过<meta>标签中的 viewport 属性设置网页设计的宽度和实际屏幕的宽度的大小关系。

```
<!DOCTYPE html>
<html>
<head>
<!--通过<meta>元标签，使网页宽度与设备宽度一致 -->
<meta name="viewport" content="width=device-width,initial-scale=1"
maximum-scale=1,user-scalable="no">
<!--指定页头信息-->
<title>使用<meta>标签播放手机视频</title>
</head>
<body>
<div align="center">
    <!--使用 iframe 标签，引入视频-->
    <iframe  src="精品课程.mp4" frameborder="0" allowfullscreen></iframe>
</div>
</body>
</html>
```

使用 Opera Mobile Emulator 模拟手机端的运行效果，如图 10-16 所示。

图 10-16　模拟手机端预览视频的效果

10.7 响应式导航菜单

导航菜单是设计网站中最常用的元素。下面讲述响应式导航菜单的实现方法。利用媒体查询技术中的 media 关键字，获取当前设备屏幕的宽度，根据不同的设备显示不同的 CSS 样式。

实例 4 使用 media 关键字设计网上商城的响应式菜单(案例文件：ch10\10.4.html)

本实例使用媒体查询技术中的 media 关键字，实现网上商城的响应式菜单。

```html
<!DOCTYPE html>
<html>
<head>
<meta name="viewport" content="width=device-width, initial-scale=1">
<title>CSS3 响应式菜单</title>
<style>
    .nav ul {
        margin: 0;
        padding: 0;
    }
    .nav li {
        margin: 0 5px 10px 0;
        padding: 0;
        list-style: none;
        display: inline-block;
        *display:inline; /* ie7 */
    }
    .nav a {
        padding: 3px 12px;
        text-decoration: none;
        color: #999;
        line-height: 100%;
    }
    .nav a:hover {
        color: #000;
    }
    .nav .current a {
        background: #999;
        color: #fff;
        border-radius: 5px;
    }

    /* right nav */
    .nav.right ul {
        text-align: right;
    }

    /* center nav */
    .nav.center ul {
        text-align: center;
    }
```

```css
@media screen and (max-width: 600px) {
    .nav {
        position: relative;
        min-height: 40px;
    }
    .nav ul {
        width: 180px;
        padding: 5px 0;
        position: absolute;
        top: 0;
        left: 0;
        border: solid 1px #aaa;

        border-radius: 5px;
        box-shadow: 0 1px 2px rgba(0,0,0,.3);
    }
    .nav li {
        display: none; /* hide all <li> items */
        margin: 0;
    }
    .nav .current {
        display: block; /* show only current <li> item */
    }
    .nav a {
        display: block;
        padding: 5px 5px 5px 32px;
        text-align: left;
    }
    .nav .current a {
        background: none;
        color: #666;
    }
    /* on nav hover */
    .nav ul:hover {
        background-image: none;
        background-color: #fff;
    }
    .nav ul:hover li {
        display: block;
        margin: 0 0 5px;
    }

    /* right nav */
    .nav.right ul {
        left: auto;
        right: 0;
    }
    /* center nav */
    .nav.center ul {
        left: 50%;
        margin-left: -90px;
    }

}
```

```
    </style>
</head>

<body>
<h2>风云网上商城</h2>
<!--导航菜单区域-->
<nav class="nav">
    <ul>
        <li class="current"><a href="#">家用电器</a></li>
        <li><a href="#">电脑</a></li>
        <li><a href="#">手机</a></li>
        <li><a href="#">化妆品</a></li>
        <li><a href="#">服装</a></li>
        <li><a href="#">食品</a></li>
    </ul>
</nav>
<p>风云网上商城-专业的综合网上购物商城，销售超数万品牌、4020 万种商品，囊括家电、手
机、电脑、化妆品、服装等 6 大品类。秉承客户为先的理念，商城所售商品为正品行货、全国联
保、机打发票。</p>
</body>
</html>
```

以上代码在计算机端的运行效果如图 10-17 所示。使用 Opera Mobile Emulator 模拟手机端的运行效果，如图 10-18 所示。

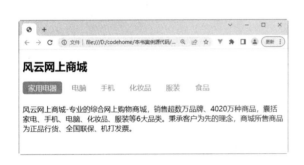

图 10-17　计算机端预览导航菜单的效果　　　图 10-18　模拟手机端预览导航菜单的效果

10.8　响应式表格

表格在网页设计中非常重要。例如网站中的商品采购信息表，就是使用表格技术。响应式表格通常通过隐藏表格中的列、滚动表格中的列和转换表格中的列来实现。

10.8.1　隐藏表格中的列

为了适配移动端的布局效果，可以隐藏表格中不需要的列。通过利用媒体查询技术中的

media 关键字，获取当前设备屏幕的宽度，根据不同的设备将不重要的列设置为 display：none，从而隐藏指定的列。

实例 5　隐藏商品采购信息表中不重要的列(案例文件：ch10\10.5.html)

利用媒体查询技术中的 media 关键字，在移动端隐藏表格的第 4 列和第 6 列。

```html
<!DOCTYPE html>
<html >
<head>
    <meta name="viewport" content="width=device-width, initial-scale=1">
    <title>隐藏表格中的列</title>
    <style>
        @media only screen and (max-width: 600px) {
            table td:nth-child(4),
            table th:nth-child(4),
            table td:nth-child(6),
            table th:nth-child(6){display: none;}
        }
    </style>
</head>
<body>
<h1 align="center">商品采购信息表</h1>
<table width="100%" cellspacing="1" cellpadding="5" border="1">
    <thead>
    <tr>
        <th>编号</th>
        <th>产品名称</th>
        <th>价格</th>
        <th>产地</th>
        <th>库存</th>
        <th>级别</th>
    </tr>
    </thead>
    <tbody align="center">
    <tr>
        <td>1001</td>
        <td>冰箱</td>
        <td>6800 元</td>
        <td>上海</td>
        <td>4999</td>
        <td>1 级</td>
    </tr>
    <tr>
        <td>1002</td>
        <td>空调</td>
        <td>5800 元</td>
        <td>上海</td>
        <td>6999</td>
        <td>1 级</td>
    </tr>
    <tr>
        <td>1003</td>
        <td>洗衣机</td>
```

```
        <td>4800 元</td>
        <td>北京</td>
        <td>3999</td>
        <td>2 级</td>
    </tr>
    <tr>
        <td>1004</td>
        <td>电视机</td>
        <td>2800 元</td>
        <td>上海</td>
        <td>8999</td>
        <td>2 级</td>
    </tr>
    <tr>
        <td>1005</td>
        <td>热水器</td>
        <td>320 元</td>
        <td>上海</td>
        <td>9999</td>
        <td>1 级</td>
    </tr>
    <tr>
        <td>1006</td>
        <td>手机</td>
        <td>1800 元</td>
        <td>上海</td>
        <td>9999</td>
        <td>1 级</td>
    </tr>
    </tbody>
</table>
</body>
</html>
```

以上代码在计算机端的运行效果如图 10-19 所示。使用 Opera Mobile Emulator 模拟手机端的运行效果，如图 10-20 所示。

图 10-19　计算机端预览效果　　　　　　图 10-20　隐藏表格中的列

10.8.2 滚动表格中的列

通过滚动条的方式，可以滚动查看手机端看不到的信息。实现此效果主要是利用媒体查询技术中的 media 关键字，获取当前设备屏幕的宽度，根据不同的设备宽度，改变表格的样式，然后将表头由横向排列转换成纵向排列。

实例6 滚动表格中的列(案例文件：ch10\10.6.html)

本实例将不改变表格的内容，而是通过滚动的方式查看表格中的所有信息。

```html
<!DOCTYPE html>
<html>
<head>
    <meta name="viewport" content="width=device-width, initial-scale=1">
    <title>滚动表格中的列</title>
    <style>
        @media only screen and (max-width: 650px) {
            *:first-child+html .cf { zoom: 1; }
            table { width: 100%; border-collapse: collapse; border-
spacing: 0; }
            th,
            td { margin: 0; vertical-align: top; }
            th { text-align: left; }
            table { display: block; position: relative; width: 100%; }
            thead { display: block; float: left; }
            tbody { display: block; width: auto; position: relative;
overflow-x: auto; white-space: nowrap; }
            thead tr { display: block; }
            th { display: block; text-align: right; }
            tbody tr { display: inline-block; vertical-align: top; }
            td { display: block; min-height: 1.25em; text-align: left; }
            th { border-bottom: 0; border-left: 0; }
            td { border-left: 0; border-right: 0; border-bottom: 0; }
            tbody tr { border-left: 1px solid #babcbf; }
            th:last-child,
            td:last-child { border-bottom: 1px solid #babcbf; }
        }
    </style>
</head>
<body>
<h1 align="center">商品采购信息表</h1>
<table width="100%" cellspacing="1" cellpadding="5" border="1">
    <thead>
    <tr>
        <th>编号</th>
        <th>产品名称</th>
        <th>价格</th>
        <th>产地</th>
        <th>库存</th>
        <th>级别</th>
    </tr>
    </thead>
```

```
    <tbody align="center">
    <tr>
        <td>1001</td>
        <td>冰箱</td>
        <td>6800 元</td>
        <td>上海</td>
        <td>4999</td>
        <td>1 级</td>
    </tr>
    <tr>
        <td>1002</td>
        <td>空调</td>
        <td>5800 元</td>
        <td>上海</td>
        <td>6999</td>
        <td>1 级</td>
    </tr>
    <tr>
        <td>1003</td>
        <td>洗衣机</td>
        <td>4800 元</td>
        <td>北京</td>
        <td>3999</td>
        <td>2 级</td>
    </tr>
    <tr>
        <td>1004</td>
        <td>电视机</td>
        <td>2800 元</td>
        <td>上海</td>
        <td>8999</td>
        <td>2 级</td>
    </tr>
    <tr>
        <td>1005</td>
        <td>热水器</td>
        <td>320 元</td>
        <td>上海</td>
        <td>9999</td>
        <td>1 级</td>
    </tr>
    <tr>
        <td>1006</td>
        <td>手机</td>
        <td>1800 元</td>
        <td>上海</td>
        <td>9999</td>
        <td>1 级</td>
    </tr>
    </tbody>
</table>
</body>
</html>
```

以上代码在计算机端的运行效果如图 10-21 所示。使用 Opera Mobile Emulator 模拟手机端的运行效果，如图 10-22 所示。

图 10-21　计算机端预览效果　　　　图 10-22　滚动表格中的列

10.8.3　转换表格中的列

转换表格中的列就是将表格转换为列表。利用媒体查询技术中的 media 关键字，获取当前设备屏幕的宽度，然后利用 CSS 技术将表格转换为列表。

实例 7　转换表格中的列(案例文件：ch10\10.7.html)

本实例将学生考试成绩表转换为列表。

```html
<!DOCTYPE html>
<html>
<head>
    <meta name="viewport" content="width=device-width, initial-scale=1">
    <title>转换表格中的列</title>
    <style>
        @media only screen and (max-width: 800px) {
            /* 强制表格为块状布局 */
            table, thead, tbody, th, td, tr {
                display: block;
            }
            /* 隐藏表格头部信息 */
            thead tr {
                position: absolute;
                top: -9999px;
                left: -9999px;
            }
            tr { border: 1px solid #ccc; }
            td {
                /* 显示列 */
                border: none;
                border-bottom: 1px solid #eee;
                position: relative;
```

223

```
                    padding-left: 50%;
                    white-space: normal;
                    text-align:left;
                }
                td:before {
                    position: absolute;
                    top: 6px;
                    left: 6px;
                    width: 45%;
                    padding-right: 10px;
                    white-space: nowrap;
                    text-align:left;
                    font-weight: bold;
                }
                /*显示数据*/
                td:before { content: attr(data-title); }
            }
    </style>
</head>
<body>
<h1 align="center">学生考试成绩表</h1>
<table width="100%" cellspacing="1" cellpadding="5" border="1">
    <thead>
    <tr>
        <th>学号</th>
        <th>姓名</th>
        <th>语文成绩</th>
        <th>数学成绩</th>
        <th>英语成绩</th>
        <th>文综成绩</th>
        <th>理综成绩</th>
    </tr>
    </thead>
    <tbody align="center">
    <tr>
        <td>1001</td>
        <td>张飞</td>
        <td>126</td>
        <td>146</td>
        <td>124</td>
        <td>146</td>
        <td>106</td>
    </tr>
    <tr>
        <td>1002</td>
        <td>王小明</td>
        <td>106</td>
        <td>136</td>
        <td>114</td>
        <td>136</td>
        <td>126</td>
    </tr>
    <tr>
        <td>1003</td>
        <td>蒙华</td>
        <td>125</td>
        <td>142</td>
```

```
        <td>125</td>
        <td>141</td>
        <td>109</td>
    </tr>
    <tr>
        <td>1004</td>
        <td>刘蓓</td>
        <td>126</td>
        <td>136</td>
        <td>124</td>
        <td>116</td>
        <td>146</td>
    </tr>
    <tr>
         <td>1005</td>
        <td>李华</td>
        <td>121</td>
        <td>141</td>
        <td>122</td>
        <td>142</td>
        <td>103</td>
    </tr>
    <tr>
        <td>1006</td>
        <td>赵晓</td>
        <td>116</td>
        <td>126</td>
        <td>134</td>
        <td>146</td>
        <td>116</td>
    </tr>
        </tbody>
</table>
</body>
</html>
```

以上代码在计算机端的运行效果如图 10-23 所示。使用 Opera Mobile Emulator 模拟手机端的运行效果，如图 10-24 所示。

图 10-23　计算机端预览效果

图 10-24　转换表格中的列

225

10.9 上 机 练 习

练习 1：使用<picture>标记实现响应式图片布局

本练习将通过使用<picture>标记、<source>标记和<img>标记，根据不同设备屏幕的宽度，显示不同的图片。当屏幕的宽度大于 600 像素时，将显示 x1.jpg 图片，否则将显示默认图片 x2.jpg。

计算机端的运行效果如图 10-25 所示。使用 Opera Mobile Emulator 模拟手机端的运行效果，如图 10-26 所示。

图 10-25 计算机端预览效果　　　　　　图 10-26 模拟手机端预览效果

练习 2：隐藏招聘信息表中指定的列

利用媒体查询技术中的 media 关键字，在移动端隐藏表格的第 4 列和第 5 列。

计算机端的运行效果如图 10-27 所示。使用 Opera Mobile Emulator 模拟手机端的运行效果，如图 10-28 所示。

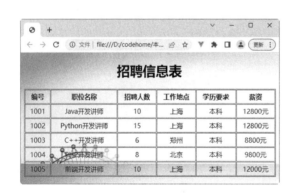

图 10-27 计算机端预览效果　　　　　　图 10-28 隐藏招聘信息表中指定的列

第 11 章

流行的响应式开发框架 Bootstrap

Bootstrap 是一款用于快速开发 Web 应用程序和网站的前端框架，它是基于 HTML、CSS 和 JavaScript 等技术开发的。本章将简单介绍 Bootstrap 的基本使用方法。

11.1　Bootstrap 概述

Bootstrap 是由 Twitter 公司主导设计研发的，是基于 HTML、CSS、JavaScript 开发的简洁、直观的前端开发框架，使得 Web 开发更加快捷。Bootstrap 一推出便颇受欢迎，一直是 GitHub 上的热门开源项目，可以说 Bootstrap 是目前最受欢迎的前端框架之一。

11.1.1　Bootstrap 的特色

Bootstrap 是当前比较流行的前端框架，起源于 Twitter，是 Web 开发人员的一个重要工具，它拥有下面一些特色。

1. 跨设备，跨浏览器

Bootstrap 可以兼容所有现代主流浏览器，Bootstrap 3 不兼容 IE7 及其以下版本的浏览器，Bootstrap 4 不再支持 IE8 浏览器。自 Bootstrap 3 起，框架包含了贯穿于整个库的移动设备优先的样式，重点支持各种平板电脑和智能手机等移动设备。

2. 响应布局

从 Bootstrap 2 开始，便支持响应式布局，能够自适应台式机、平板电脑和手机，从而提供一致的用户体验。

3. 列网格布局

Bootstrap 提供了一套响应式、移动设备优先的网格系统，随着屏幕或视口(viewport)尺寸的增加，系统会最多自动分为 12 列，也可以根据自己的需要定义列数。

4. 较全面的组件

Bootstrap 提供了实用性很强的组件，如导航、按钮、下拉菜单、表单、列表、输入框等，供开发者使用。

5. 内置 jQuery 插件

Bootstrap 提供了很多实用的 jQuery 插件，如模态框、旋转木马等，这些插件方便开发者实现 Web 中的各种常规特效。

6. 支持 HTML5 和 CSS3

Bootstrap 要求在 HTML5 文档类型的基础上使用，所以支持 HTML5 标签和语法；Bootstrap 支持 CSS3 的属性和标准，并不断完善。

7. 容易上手

只要具备 HTML 和 CSS 的基础知识，就可以开始学习 Bootstrap 并且使用它。

8. 开源的代码

Bootstrap 是完全开源的，不管是个人还是企业都可以免费使用。Bootstrap 全部托管于 GitHub，并借助 GitHub 平台实现社区化的开发和共建。

11.1.2　Bootstrap 4 的重大更新

Bootstrap 4 与 Bootstrap 3 相比有太多重大的更新，下面是更新中的一些亮点。

(1) 不再支持 IE8，使用 rem 和 em 单位。Bootstrap 4 放弃对 IE8 的支持，这意味着开发者可以放心地利用 CSS 的优点，不必再研究针对不同的浏览器设置不同的 CSS 的问题了。使用 rem 和 em 代替 px 单位，更适合做响应式布局，控制组件大小。如果要支持 IE8，只能继续用 Bootstrap 3。

(2) 从 Less 到 Sass。现在，Bootstrap 已加入 Sass 的大家庭中，得益于 Libsass，Bootstrap 的编译速度比以前更快。

(3) 支持选择弹性盒模型(Flexbox)。这是项划时代的功能——只要修改一个变量 Boolean 的值，就可以让 Bootstrap 中的组件使用 Flexbox。

(4) 废弃了 wells、thumbnails 和 panels，使用 cards(卡片)代替。cards 是个全新概念，使用方法与 wells、thumbnails 和 panels 很像，但是更加方便。

(5) 将所有 HTML 重置样式表整合到 Reboot 中。在一些地方用不了 Normalize.css 时，可以使用 Reboot 重置样式，它提供了更多选项。

(6) 新的自定义选项。不再像上个版本一样，将 Flexbox、渐变、圆角、阴影等效果分放在单独的样式表中，而是将所有选项都移到一个 Sass 变量中。如果想要改变默认效果，只需要更新变量值，重新编译就可以了。

(7) 重写所有 JavaScript 插件。为了利用 JavaScript 的新特性，Bootstrap 4 用 ES6 重写了所有插件，现在提供 UMD 支持、泛型拆解方法、选项类型检查等特性。

(8) 更多变化。支持自定义窗体控件、空白和填充类，此外还包括新的实用程序类等。

11.2　下载 Bootstrap

Bootstrap 4 是 Bootstrap 的最新版本，与之前的版本相比，拥有更强大的功能。本节将教大家如何下载 Bootstrap 4。

Bootstrap 4 有两个版本的压缩包，一个是源码文件，供学习使用，另一个是编译版，供直接引用。

1. 下载源码版的 Bootstrap

我们知道 Bootstrap 全部托管于 GitHub，并借助 GitHub 平台实现社区化的开发和共建，所以我们可以到 GitHub 上下载 Bootstrap 压缩包。使用谷歌浏览器访问 https://github.com/twbs/bootstrap/ 页面，单击"Download ZIP"按钮，下载最新版的 Bootstrap 压缩包，如图 11-1 所示。

Bootstrap 4 源码下载完成后解压，目录结构如图 11-2 所示。

图 11-1　在 GitHub 上下载源码文件

图 11-2　源码文件的目录结构

2. 下载编译版 Bootstrap

如果用户需要快速使用 Bootstrap 来开发网站，可以直接下载经过编译、压缩后的发布版本，使用浏览器访问 http://getbootstrap.com/docs/4.1/getting-started/download/页面，单击"Download"按钮，下载编译版本压缩文件，如图 11-3 所示。

图 11-3　从官网下载编译版的 Bootstrap

编译版的压缩文件，仅包含编译好的 Bootstrap 应用文件，有 CSS 文件和 JS 文件，与 Bootstrap 3 相比少了 fonts 字体文件，如图 11-4 所示。

图 11-4 编译文件的目录结构

其中，CSS 文件的目录结构如图 11-5 所示，JS 文件的目录结构如图 11-6 所示。

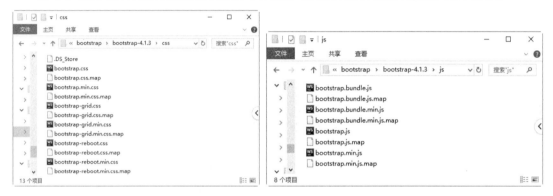

图 11-5 CSS 文件目录结构   图 11-6 JS 文件目录结构

在网站目录中，导入相应的 CSS 文件和 JS 文件，便可以在项目中使用 Bootstrap 的效果和插件了。

11.3 安装和使用 Bootstrap

Bootstrap 下载完成后，需要安装才可以使用。

11.3.1 本地安装 Bootstrap

Bootstrap 是本着移动设备优先的策略开发的，所以优先为移动设备优化代码，根据每个组件的情况并利用 CSS 媒体查询技术为组件设置合适的样式。为了确保在所有设备上能够正确渲染并支持触控缩放，需要将设置 viewport 属性的<meta>标签添加到<head>中。具体代码如下。

```
<meta name="viewport" content="width=device-width, initial-scale=1,
shrink-to-fit=no">
```

本地安装 Bootstrap 大致可以分为以下两步。

第一步：安装 Bootstrap 的基本样式，使用<link>标签引入 Bootstrap.css 样式表文件，并且放在所有其他的样式表之前，如下面代码所示。

```
<link rel="stylesheet" href="bootstrap-4.1.3/css/bootstrap.css">
```

第二步：调用 Bootstrap 的 JS 文件以及 jQuery 框架。要注意 Bootstrap 中的许多组件需要依赖 JavaScript 才能运行，它们依赖的是 jQuery、Popper.js、Popper.js 包含在我们引入的 bootstrap.bundle.js 中。具体的引入顺序是 jQuery.js 必须放在最前面，然后是 bundle.js，最后是 Bootstrap.js，如下面的代码所示。

```
<script src="jquery.js"></script>
<script src="bootstrap-4.1.3/js/bootstrap.bundle.js"></script>
<script src="bootstrap-4.1.3/js/bootstrap.js"></script>
```

11.3.2　初次使用 Bootstrap

Bootstrap 安装完成后，下面我们就使用它来完成一个简单的小案例。

首先需要在页面<head>标签中引入 Bootstrap 核心代码文件，如下面代码所示。

```
<meta name="viewport" content="width=device-width, initial-scale=1,
shrink-to-fit=no">
<link rel="stylesheet" href="bootstrap-4.1.3/css/bootstrap.css">
<script src="jquery.js"></script>
<script src="bootstrap-4.1.3/js/bootstrap.bundle.js"></script>
<script src="bootstrap-4.1.3/js/bootstrap.js"></script>
```

然后在<body>中添加一个<h1>标签，并添加 Bootstrap 中的 bg-dark 和 text-white 类，bg-dark 用于设置<h1>标签的背景色为黑色，text-white 设置<h1>标签的文本颜色为白色。具体代码如下。

```
<!DOCTYPE html>
<html>
<head>
<title></title>
    <meta name="viewport" content="width=device-width, initial-scale=1,
shrink-to-fit=no">
    <link rel="stylesheet" href="bootstrap-4.1.3/css/bootstrap.css">
    <script src="jquery.js"></script>
    <script src="bootstrap-4.1.3/js/bootstrap.bundle.js"></script>
    <script src="bootstrap-4.1.3/js/bootstrap.js"></script>
</head>
<body>
<!--.bg-dark 类用来设置背景颜色为黑色，text-white 用来设置文本颜色为白色-->
<h1 class="bg-dark text-white">hello world!</h1>
</body>
</html>
```

以上代码的运行结果如图 11-7 所示。

图 11-7　初始 Bootstrap

在<head>中引入的核心代码，在后续的内容中将省略，用户务必加上。

11.4 使用常用组件

Bootstrap 提供了大量可复用的组件，下面简单介绍其中一些常用的组件，更详细的内容请参考官方文档。

11.4.1 使用下拉菜单

下拉菜单是网页中经常看到的效果之一，使用 Bootstrap 很容易就可以实现。

在 Bootstrap 中可以使用一个按钮或链接来打开下拉菜单，按钮或链接需要添加.dropdown-toggle 类和 data-toggle="dropdown"属性。

在菜单元素中需要添加.dropdown-menu 类来实现下拉，然后在下拉菜单的选项中添加.dropdown-item 类。在下面的实例中使用一个列表来设计菜单。

实例 1 设计下拉菜单 (案例文件：ch11\11.1.html)

```html
<!DOCTYPE html>
<html>
<head>
<title> </title>
    <meta name="viewport" content="width=device-width, initial-scale=1,
shrink-to-fit=no">
    <link rel="stylesheet" href="bootstrap-4.1.3/css/bootstrap.css">
    <script src="jquery.js"></script>
    <script src="bootstrap-4.1.3/js/bootstrap.bundle.js"></script>
    <script src="bootstrap-4.1.3/js/bootstrap.js"></script>
</head>
<body>
<div class="container">
    <div>
        <!--.btn 类设置 a 标签为按钮，.dropdown-toggle 类和 data-
toggle="dropdown" 属性类别用来激活下拉菜单-->
        <a href="#" class="dropdown-toggle" data-toggle="dropdown">下拉菜单</a>
        <!--.dropdown-menu 用来指定被激活的菜单-->
        <ul class="dropdown-menu">
            <!--.dropdown-item 添加列表元素的样式-->
            <li><a href="#" class="dropdown-item">新闻</a></li>
            <li><a href="#" class="dropdown-item">电视</a></li>
            <li><a href="#" class="dropdown-item">电影</a></li>
        </ul>
    </div>
</div>
</body>
</html>
```

以上代码的运行结果如图 11-8 所示。

图 11-8 下拉菜单

11.4.2 使用按钮组

用含有.btn-group 类的容器把一系列含有.btn 类的按钮包裹起来，便形成了一个页面组件——按钮组。

实例 2 设计按钮组(案例文件：ch11\11.2.html)

```
<!DOCTYPE html>
<html>
<head>
<title>按钮组</title>
    <meta name="viewport" content="width=device-width, initial-scale=1,
shrink-to-fit=no">
    <link rel="stylesheet" href="bootstrap-4.1.3/css/bootstrap.css">
    <script src="jquery.js"></script>
    <script src="bootstrap-4.1.3/js/bootstrap.bundle.js"></script>
    <script src="bootstrap-4.1.3/js/bootstrap.js"></script>
</head>
<body>
<div class="container">
    <!--使用含有.btn-group 类的 div 来包裹按钮元素-->
    <div class="btn-group">
        <!--.btn btn-primary 设置按钮为浅蓝色；.btn btn-info 设置按钮为深蓝色；
.btn btn-success 设置按钮为绿色；.btn btn-warning 设置按钮为黄色；.btn btn-
danger 设置按钮为红色；-->
        <button class="btn btn-primary">首页</button>
        <button class="btn btn-success">新闻</button>
        <button class="btn btn-info">电视</button>
        <button class="btn btn-warning">电影</button>
        <button class="btn btn-danger">动漫</button>
    </div>
</div>
</body>
</html>
```

以上代码的运行结果如图 11-9 所示。

图 11-9 按钮组

11.4.3　使用导航组件

一个简单的导航栏，可以通过在<ul>元素上添加.nav 类、每个<li>元素上添加.nav-item 类、每个链接上添加.nav-link 类来实现。

实例3　设计简单导航(案例文件：ch11\11.3.html)

```
<!DOCTYPE html>
<html>
<head>
<title>基本导航</title>
    <meta name="viewport" content="width=device-width, initial-scale=1,
shrink-to-fit=no">
    <link rel="stylesheet" href="bootstrap-4.1.3/css/bootstrap.css">
    <script src="jquery.js"></script>
    <script src="bootstrap-4.1.3/js/bootstrap.bundle.js"></script>
    <script src="bootstrap-4.1.3/js/bootstrap.js"></script>
</head>
<body>
<div class="container">
    <p>基本的导航:</p>
    <!--在 ul 中添加.nav 类创建导航栏-->
    <ul class="nav">
        <!--在 li 中添加.nav-item,在 a 中添加.nav-link 设置导航的样式-->
        <li class="nav-item"><a class="nav-link" href="#">小说</a></li>
        <li class="nav-item"><a class="nav-link" href="#">音乐</a></li>
        <li class="nav-item"><a class="nav-link" href="#">视频</a></li>
        <li class="nav-item"><a class="nav-link" href="#">游戏</a></li>
    </ul>
</div>
</body>
</html>
```

运行以上程序代码，结果如图 11-10 所示。

图 11-10　基本的导航

Bootstrap 的导航组件都是建立在基本的导航之上的，可以通过扩展基础的.nav 组件，来实现其他导航样式。

1. 标签页导航

在基本导航中，为<ul>元素添加.nav-tabs 类，对于选中的选项使用.active 类，并为每个链接添加 data-toggle="tab"属性类别，便可以实现标签页导航了。

实例 4 设计标签页导航(案例文件：ch11\11.4.html)

```html
<!DOCTYPE html>
<html>
<head>
<title>标签页导航</title>
    <meta name="viewport" content="width=device-width, initial-scale=1,
shrink-to-fit=no">
    <link rel="stylesheet" href="bootstrap-4.1.3/css/bootstrap.css">
    <script src="jquery.js"></script>
    <script src="bootstrap-4.1.3/js/bootstrap.bundle.js"></script>
    <script src="bootstrap-4.1.3/js/bootstrap.js"></script>
</head>
<body>
<div class="container">
    <p>标签页导航</p>
    <!--在 ul 中添加.nav 和.nav-tabs, .nav-tabs 用来设置标签页导航-->
    <ul class="nav nav-tabs">
        <!--在 li 中添加.nav-item, 在 a 中添加.nav-link, 对于选中的选项添加.active 类-->
        <!--添加 data-toggle="tab"属性类别，是去掉 a 标签的默认行为，实现动态切换导
航的 active 属性效果-->
        <li class="nav-item"><a class="nav-link active" href="#" data-
toggle="tab">健康</a></li>
        <li class="nav-item"><a class="nav-link" href="#" data-
toggle="tab">时尚</a></li>
        <li class="nav-item"><a class="nav-link" href="#" data-
toggle="tab">减肥</a></li>
        <li class="nav-item"><a class="nav-link" href="#" data-
toggle="tab">美食</a></li>
        <li class="nav-item"><a class="nav-link" href="#" data-
toggle="tab">交友</a></li>
        <li class="nav-item"><a class="nav-link" href="#" data-
toggle="tab">社区</a></li>
    </ul>
</div>
</body>
</html>
```

运行以上程序代码，结果如图 11-11 所示。

图 11-11 标签页导航

2. 胶囊导航

在基本导航中，为<ul>添加.nav-pills 类，对于选中的选项使用.active 类，并为每个链接添加 data-toggle="pill"属性类别，便可以实现胶囊导航了。

实例5　设计胶囊导航(案例文件：ch11\11.5.html)

```html
<!DOCTYPE html>
<html>
<head>
<title>胶囊导航</title>
    <meta name="viewport" content="width=device-width, initial-scale=1,
shrink-to-fit=no">
    <link rel="stylesheet" href="bootstrap-4.1.3/css/bootstrap.css">
    <script src="jquery.js"></script>
    <script src="bootstrap-4.1.3/js/bootstrap.bundle.js"></script>
    <script src="bootstrap-4.1.3/js/bootstrap.js"></script>
</head>
<body>
<div class="container">
    <p>胶囊导航</p>
    <!--在 ul 中添加.nav 和.nav-pills, .nav-pills 类用来设置胶囊导航-->
    <ul class="nav nav-pills">
        <!--在 li 中添加.nav-item, 在 a 中添加.nav-link, 对于选中的选项添加.active 类-->
        <!--添加 data-toggle="pill"属性类别, 是去掉 a 标签的默认行为, 实现动态切换导
航的 active 属性效果-->
        <li class="nav-item"><a class="nav-link active" href="#" data-
toggle="pill">健康</a></li>
        <li class="nav-item"><a class="nav-link" href="#" data-
toggle="pill">时尚</a></li>
        <li class="nav-item"><a class="nav-link" href="#" data-
toggle="pill">减肥</a></li>
        <li class="nav-item"><a class="nav-link" href="#" data-
toggle="pill">美食</a></li>
        <li class="nav-item"><a class="nav-link" href="#" data-
toggle="pill">交友</a></li>
        <li class="nav-item"><a class="nav-link" href="#" data-
toggle="pill">社区</a></li>
    </ul>
</div>
</body>
</html>
```

运行以上程序代码，结果如图 11-12 所示。

图 11-12　胶囊导航

11.4.4　绑定导航和下拉菜单

在 Bootstrap 中，下拉菜单可以与页面中的其他元素绑定使用，如导航、按钮等。本节

设计标签页导航下拉菜单。

标签页导航在上一节介绍过，只需要在标签页导航选项中添加一个下拉菜单结构，为该标签选项添加 dropdown 类，为下拉菜单结构添加 dropdown-menu 类，便可以实现。

实例6 绑定导航和下拉菜单(案例文件：ch11\11.6.html)

```html
<!DOCTYPE html>
<html>
<head>
<title>绑定导航和下拉菜单</title>
    <meta name="viewport" content="width=device-width, initial-scale=1,
shrink-to-fit=no">
    <link rel="stylesheet" href="bootstrap-4.1.3/css/bootstrap.css">
    <script src="jquery.js"></script>
    <script src="bootstrap-4.1.3/js/bootstrap.bundle.js"></script>
    <script src="bootstrap-4.1.3/js/bootstrap.js"></script>
</head>
<body>
<div class="container">
    <p>绑定导航和下拉菜单</p>
    <!--在 ul 中添加.nav 和.nav-tabs，.nav-tabs 用来设置标签页导航-->
    <ul class="nav nav-tabs">
        <!--在 li 中添加.nav-item，在 a 中添加.nav-link，对于选中的选项添加.active 类-->
        <!--添加 data-toggle="tab"属性类别，是去掉 a 标签的默认行为，实现动态切换导
航的 active 属性效果-->
        <li class="nav-item"><a class="nav-link" href="#">新闻</a></li>
        <!--.dropdown-toggle 类和 data-toggle="dropdown" 属性类别 用来激活下拉菜单-->
        <li class="nav-item"><a class="nav-link active dropdown-toggle"
data-toggle="dropdown" href="#">教育</a>
            <!--.dropdown-menu 用来指定被激活的菜单-->
            <ul class="dropdown-menu">
                <li><a href="#" class="dropdown-item">初中</a></li>
                <li><a href="#" class="dropdown-item">高中</a></li>
                <li><a href="#" class="dropdown-item">大学</a></li>
            </ul>
        </li>
        <li class="nav-item"><a class="nav-link" href="#">旅游</a></li>
        <li class="nav-item"><a class="nav-link" href="#">美食</a></li>
        <li class="nav-item"><a class="nav-link" href="#">理财</a></li>
        <li class="nav-item"><a class="nav-link" href="#">招聘</a></li>
    </ul>
</div>
</body>
</html>
```

运行以上程序代码，结果如图 11-13 所示。

图 11-13　绑定导航和下拉菜单

11.4.5　使用面包屑导航

面包屑导航(Breadcrumbs)是一种基于网站层次信息的显示方式，用于表示当前页面在导航层次结构内的位置。在 CSS 中利用::before 和 content 来添加分隔符。

实例 7　设计面包屑导航(案例文件：ch11\11.7.html)

```html
<!DOCTYPE html>
<html>
<head>
<title>面包屑 </title>
    <meta name="viewport" content="width=device-width, initial-scale=1,
shrink-to-fit=no">
    <link rel="stylesheet" href="bootstrap-4.1.3/css/bootstrap.css">
    <script src="jquery.js"></script>
    <script src="bootstrap-4.1.3/js/bootstrap.bundle.js"></script>
    <script src="bootstrap-4.1.3/js/bootstrap.js"></script>
<style>
    /*利用::before 和 content 添加分隔线*/
    li::before {
        padding-right: 0.5rem;
        padding-left: 0.5rem;
        color: #6c757d;
        content: ">";           /*添加分割线为 ">" */
    }
    /*去掉第一个 li 前面的分隔线*/
    li:first-child::before {
        content: "";            /*设置第一个 li 元素前面为空*/
    }
</style>
</head>
<body>
<div class="container">
    <!--在 ul 中添加.breadcrumb 类，设置面包屑-->
    <ul class="breadcrumb">
        <li><a href="#">学校</a></li>
        <li><a href="#">图书馆</a></li>
    </ul>
    <ul class="breadcrumb">
        <li><a href="#">学校</a></li>
```

```
        <li><a href="#">图书馆</a></li>
        <li><a href="#">图书</a></li>
    </ul>
    <ul class="breadcrumb">
        <li><a href="#">学校</a></li>
        <li><a href="#">图书馆</a></li>
        <li><a href="#">图书</a></li>
        <li><a href="#">编程类</a></li>
    </ul>
</div>
</body>
</html>
```

运行以上程序代码，结果如图 11-14 所示。

图 11-14　面包屑组件

11.4.6　使用广告屏

通过在<div>元素中添加.jumbotron 类来创建 jumbotron(超大屏幕)，它是一个大的灰色背景框，里面可以设置一些特殊的内容和信息，可以放一些 HTML 标签，也可以是 Bootstrap 的元素。如果创建一个没有圆角的 jumbotron，可以在.jumbotron-fluid 类里的 div 中添加.container 或.container-fluid 类来实现。

实例 8　设计广告屏(案例文件：ch11\11.8.html)

```
<!DOCTYPE html>
<html>
<head>
<title>广告牌</title>
    <meta name="viewport" content="width=device-width, initial-scale=1,
shrink-to-fit=no">
    <link rel="stylesheet" href="bootstrap-4.1.3/css/bootstrap.css">
    <script src="jquery.js"></script>
    <script src="bootstrap-4.1.3/js/bootstrap.bundle.js"></script>
    <script src="bootstrap-4.1.3/js/bootstrap.js"></script>
</head>
<body>
<!--添加.jumbotron 类创建广告屏-->
<div class="jumbotron">
    <h1>北京欢迎你!</h1>
```

```
    <p>北京，简称"京"，是中华人民共和国的首都，文化中心、科技创新中心。</p>
    <hr>
    <p>Beijing, or "jing" for short, It is the capital of the People's
Republic of China, cultural center, Technology innovation center.</p>
    <p>
        <!--.btn 类为按钮添加基本样式，.btn-primary 表示原始按钮样式(未被操作)-->
        <button class="btn btn-primary">了解更多</button>
    </p>
</div>
</body>
</html>
```

以上代码的运行结果如图 11-15 所示。

图 11-15　广告屏组件

11.4.7　使用 card(卡片)

通过 Bootstrap 4 的.card 与.card-body 类来创建一个简单的卡片，代码如下：

```
<!DOCTYPE html>
<html>
<head>
<title></title>
    <meta name="viewport" content="width=device-width, initial-scale=1,
shrink-to-fit=no">
    <link rel="stylesheet" href="bootstrap-4.1.3/css/bootstrap.css">
    <script src="jquery.js"></script>
    <script src="bootstrap-4.1.3/js/bootstrap.bundle.js"></script>
    <script src="bootstrap-4.1.3/js/bootstrap.js"></script>
</head>
<body>
<div class="container">
<div class="card">
<div class="card-body">简单的卡片</div>
</div>
</div>
</body>
</html>
```

运行以上程序代码，结果如图 11-16 所示。

图 11-16　简单的卡片

卡片是一个灵活的、可扩展的内容窗口。它包含可选的卡片头和卡片脚、一个大范围的内容、上下文背景色以及强大的显示选项。卡片代替了 Bootstrap 3 中的 panel、well 和 thumbnail 等组件。

实例 9　设计卡片(案例文件：ch11\11.9.html)

```html
<!DOCTYPE html>
<html>
<head>
<title></title>
    <meta name="viewport" content="width=device-width, initial-scale=1,
shrink-to-fit=no">
    <link rel="stylesheet" href="bootstrap-4.1.3/css/bootstrap.css">
    <script src="jquery.js"></script>
    <script src="bootstrap-4.1.3/js/bootstrap.bundle.js"></script>
    <script src="bootstrap-4.1.3/js/bootstrap.js"></script>
</head>
<body>
<div class="container">
    <!--添加.card 类创建卡片，.bg-success 类设置卡片的背景颜色，.text-white 类设置
卡片的文本颜色-->
    <div class="card bg-success text-white">
        <!--.card-header 类用于创建卡片的头部样式-->
        <div class="card-header">卡片头</div>
        <div class="card-body">
            <!--给 <img> 添加 .card-img-top 可以设置图片在文字上方或添加.card-
img-bottom 设置图片在文字下方。-->
            <img src="004.jpg" alt="" width="100%" height="200px">
            <h4 class="card-title">乡间小路</h4>
            <p class="card-text">太阳西下，黄昏下的乡村小路，弯弯曲曲延伸到村子的尽
头，高低起伏的路面变幻莫测，叽叽喳喳在田间嬉闹的麻雀，此时也飞的无影无踪，大地只留下一
片清凉。</p>
        </div>
        <!--.card-footer 类用于创建卡片的底部样式-->
        <div class="card-footer">卡片脚</div>
    </div>
</div>
</body>
</html>
```

运行以上程序代码，结果如图 11-17 所示。

图 11-17　卡片组件

11.4.8　使用进度条

进度条主要用来表示用户的任务进度，如下载、删除、复制等。

创建一个基本的进度条有以下 3 个步骤。

(1) 添加一个含有.progress 类的<div>。

(2) 在上面的<div>中，添加一个含有.progress-bar 类的空的<div>。

(3) 为含有.progress-bar 类的<div>添加一个用百分比表示宽度的 style 属性，如 style=
"50%"，表示进度条在 50%的位置。

实例 10　设计简单的进度条(案例文件：ch11\11.10.html)

```
<!DOCTYPE html>
<html>
<head>
<title></title>
    <meta name="viewport" content="width=device-width, initial-scale=1,
shrink-to-fit=no">
    <link rel="stylesheet" href="bootstrap-4.1.3/css/bootstrap.css">
    <script src="jquery.js"></script>
    <script src="bootstrap-4.1.3/js/bootstrap.bundle.js"></script>
    <script src="bootstrap-4.1.3/js/bootstrap.js"></script>
</head>
<body>
<div class="container">
    <p>基本的进度条</p>
    <div class="progress">
        <div class="progress-bar " style="width:50%"></div>
    </div>
</div>
</body>
</html>
```

运行以上程序代码，结果如图 11-18 所示。

图 11-18　基本的进度条

1. 设置高度和添加文本

用户可以在基本滚动条的基础上设置高度和添加文本，在含有.progress 类的<div>中设置高度，在含有.progress-bar 类的<div>中添加文本内容。

实例 11 为进度条设置高度和添加文本(案例文件：ch11\11.11.html)

```html
<!DOCTYPE html>
<html>
<head>
<title></title>
    <meta name="viewport" content="width=device-width, initial-scale=1,
shrink-to-fit=no">
    <link rel="stylesheet" href="bootstrap-4.1.3/css/bootstrap.css">
    <script src="jquery.js"></script>
    <script src="bootstrap-4.1.3/js/bootstrap.bundle.js"></script>
    <script src="bootstrap-4.1.3/js/bootstrap.js"></script>
</head>
<body>
<div class="container">
    <p>设置高度和文本的进度条</p>
    <!--设置进度条高度20px，文本内容为--60%-->
    <div class="progress" style="height:20px">
      <div class="progress-bar " style="width:60%">60%</div>
    </div><br>
    <!--设置进度条高度30px，文本内容为--80%-->
    <div class="progress" style="height:30px">
      <div class="progress-bar " style="width:80%">80%</div>
    </div>
</div>
</body>
</html>
```

以上代码的运行结果如图 11-19 所示。

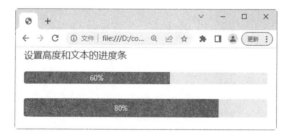

图 11-19　设置高度和添加文本的进度条

2. 设置不同的背景颜色

可以发现，进度条的默认背景颜色是蓝色，为了能给用户一个更好的体验，进度条和警告信息框一样，也根据不同的状态配置了不同的颜色，我们可以通过添加 bg-success、bg-info、bg-warning 和 bg-danger 类来改变默认背景颜色，它们分别表示浅绿色、浅蓝色、浅黄色和浅红色。

实例 12 设置进度条的不同背景颜色(案例文件：ch11\11.12.html)

```html
<!DOCTYPE html>
<html>
<head>
<title></title>
    <meta name="viewport" content="width=device-width, initial-scale=1,
shrink-to-fit=no">
    <link rel="stylesheet" href="bootstrap-4.1.3/css/bootstrap.css">
    <script src="jquery.js"></script>
    <script src="bootstrap-4.1.3/js/bootstrap.bundle.js"></script>
    <script src="bootstrap-4.1.3/js/bootstrap.js"></script>
</head>
<body>
<div class="container">
    <p>不同颜色的进度条</p>
    <div class="progress">
        <div class="progress-bar" style="width:30%">默认</div>
    </div>
    <br>
    <div class="progress">
        <div class="progress-bar bg-success" style="width:40%">bg-
success</div>
    </div>
    <br>
    <div class="progress">
        <div class="progress-bar bg-info" style="width:50%">bg-info</div>
    </div>
    <br>
    <div class="progress">
        <div class="progress-bar bg-warning" style="width:60%">bg-
warning</div>
    </div>
    <br>
    <div class="progress">
        <div class="progress-bar bg-danger" style="width:70%">bg-
danger</div>
    </div>
</div>
</body>
</html>
```

运行以上程序代码，结果如图 11-20 所示。

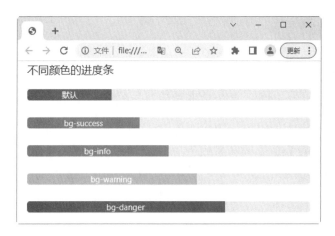

图 11-20　不同背景颜色的进度条

3. 设置动画条纹进度条

还可以为进度条添加 progress-bar-striped 类和 progress-bar-animated 类，即分别为进度条添加彩色条纹和动画效果。

实例 13　设置动画条纹进度条(案例文件：ch11\11.13.html)

```html
<!DOCTYPE html>
<html>
<head>
<title></title>
    <meta name="viewport" content="width=device-width, initial-scale=1,
shrink-to-fit=no">
    <link rel="stylesheet" href="bootstrap-4.1.3/css/bootstrap.css">
    <script src="jquery.js"></script>
    <script src="bootstrap-4.1.3/js/bootstrap.bundle.js"></script>
    <script src="bootstrap-4.1.3/js/bootstrap.js"></script>
</head>
<body>
<div class="container">
    <p>设置进度条纹效果</p>
    <!--添加.progress 类，创建进度条-->
    <div class="progress">
        <!--.progress-bar-striped 类设置进度条条纹效果，.progress-bar-animated
类设置条纹进度条的动画效果-->
        <div class="progress-bar progress-bar-striped progress-bar-
animated" style="width:60%"></div>
    </div>
</div>
</body>
</html>
```

运行以上程序代码，结果如图 11-21 所示。

图 11-21　带条纹的进度条

4. 混合色彩的进度条

在进度条中，我们可以在含有.progress 类的<div>中添加多个含有.progress-bar 类的
<div>，然后分别为每个含有.progress-bar 类的<div>设置不同的背景颜色，从而实现混合色
彩的进度条。

实例 14　设计混合色彩的进度条(案例文件：ch11\11.14.html)

```
<!DOCTYPE html>
<html>
<head>
<title></title>
    <meta name="viewport" content="width=device-width, initial-scale=1,
shrink-to-fit=no">
    <link rel="stylesheet" href="bootstrap-4.1.3/css/bootstrap.css">
    <script src="jquery.js"></script>
    <script src="bootstrap-4.1.3/js/bootstrap.bundle.js"></script>
    <script src="bootstrap-4.1.3/js/bootstrap.js"></script>
</head>
<body>
<div class="container">
    <p>混合色彩的进度条</p>
    <div class="progress" style="height:30px">
        <div class="progress-bar bg-success" style="width:20%">bg-
success</div>
        <div class="progress-bar bg-info" style="width:20%">bg-info</div>
        <div class="progress-bar bg-warning" style="width:20%">bg-
warning</div>
        <div class="progress-bar bg-danger" style="width:20%">bg-
danger</div>
    </div>
</div>
</body>
</html>
```

以上代码的运行结果如图 11-22 所示。

图 11-22　混合色彩的进度条

11.4.9　使用模态框

模态框是一种灵活的、对话框式的提示，它是页面的一部分，是覆盖在父窗体上的子窗体。通常，目的是显示来自一个单独的源的内容，可以在不离开父窗体的情况下有一些互动。

模态框的基本结构如下面代码所示。

```
<!--按钮——用于打开模态框-->
<button type="button" data-toggle="modal" data-
target="#myModal">...</button>
<!--定义模态框-->
<div class="modal fade" id="myModal">
    <div class="modal-dialog">
        <div class="modal-content">
            <div class="modal-header">...</div>
            <div class="modal-body">...</div>
            <div class="modal-footer">...</div>
        </div>
    </div>
</div>
```

在上面的结构中，按钮中的属性类别分析如下。

● data-toggle="modal"：用于打开模态框。

● data-target="#myModal"：指定打开的模态框目标(使用哪个模态框，就把哪个模态框的 id 写在其中)。

定义模态框的属性类别分析如下。

● .modal 类：用来把<div>的内容识别为模态框。

● .fade 类：当模态框被切换时，设置模态框的淡入淡出。

● id="myModal"：被指定打开的目标 id。

● .modal-dialog：定义模态对话框。

● .modal-content：定义模态对话框的样式。

● .modal-header：为模态框的头部定义样式的类。

● .modal-body：为模态框的主体定义样式的类。

● .modal-footer：为模态框的底部定义样式的类。

● data-dismiss="modal"：用于关闭模态窗口。

实例 15　设计模态框(案例文件：ch11\11.15.html)

```
<!DOCTYPE html>
<html>
<head>
<title></title>
    <meta name="viewport" content="width=device-width, initial-scale=1,
shrink-to-fit=no">
    <link rel="stylesheet" href="bootstrap-4.1.3/css/bootstrap.css">
    <script src="jquery.js"></script>
    <script src="bootstrap-4.1.3/js/bootstrap.bundle.js"></script>
    <script src="bootstrap-4.1.3/js/bootstrap.js"></script>
</head>
```

```
<body>
<div class="container">
<h3>模态框</h3>
<!-- 按钮：用于打开模态框 -->
<button type="button" class="btn btn-primary" data-toggle="modal" data-
target="#myModal">
        打开模态框
 </button>
<!-- 模态框 -->
<div class="modal fade" id="myModal">
   <div class="modal-dialog">
       <div class="modal-content">
           <!-- 模态框头部 -->
           <div class="modal-header">
               <!--modal-title用于设置标题在模态框头部垂直居中-->
               <h4 class="modal-title">用户注册</h4>
               <button type="button" class="close" data-
dismiss="modal">&times;</button>
           </div>
           <!-- 模态框主体 -->
           <div class="modal-body">
               <form action="#">
                   <p>姓名：<input type="text"></p>
                   <p>密码：<input type="password"></p>
                   <p>邮箱：<input type="email"></p>
               </form>
           </div>
           <!-- 模态框底部 -->
           <div class="modal-footer">
               <button type="button" class="btn btn-primary">提交</button>
               <button type="button" class="btn btn-secondary" data-
dismiss="modal">
               关闭
               </button>
           </div>
       </div>
   </div>
</div>
</div>
</body>
</html>
```

运行以上程序代码，结果如图 11-23 所示；单击"打开模态框"按钮将激活模态框，效果如图 11-24 所示。

图 11-23　模态框组件

图 11-24　打开模态框效果

11.4.10　使用滚动监听

滚动监听，即根据滚动条的位置自动更新对应的导航目标。

实现滚动监听可以分为以下三步。

(1) 设计导航栏以及可滚动的元素，可滚动元素的 id 值要匹配导航栏上超链接的 href 属性，如可滚动元素的 id 属性值为"a"，导航栏上超链接的 href 属性值应该为"#a"。

(2) 为想要监听的元素添加 data-spy="scroll"属性类别，然后添加 data-target 属性，它的值为导航栏的 id 或者 class 值，这样才可以联系上可滚动区域。监听的元素通常是 <body>。

(3) 设置相对定位：使用 data-spy="scroll"的元素需要将其 CSS 的 position 属性设置为 relative 才能起作用。

data-offset 属性用于设置网页元素距离页面顶部的偏移像素，默认为 10px。

实例 16　设计滚动监听(案例文件：ch11\11.16.html)

```
<!DOCTYPE html>
<html>
<head>
<title>滚动监听</title>
    <meta name="viewport" content="width=device-width, initial-scale=1,
shrink-to-fit=no">
    <link rel="stylesheet" href="bootstrap-4.1.3/css/bootstrap.css">
    <script src="jquery.js"></script>
    <script src="bootstrap-4.1.3/js/bootstrap.bundle.js"></script>
    <script src="bootstrap-4.1.3/js/bootstrap.js"></script>
<style>
body {position: relative;}
#navbar{
    position: fixed;
    top:200px;
     right: 50px;}
</style>
</head>
<!--添加 data-spy="scroll" 属性类别，设置监听元素-->
<!--data-target="#navbar"属性类别指定导航栏的 id(navbar)-->
<body data-spy="scroll" data-target="#navbar" data-offset="50">
<!--.navbar 设置导航，.bg-dark 类和.nav-dark 类设置黑色背景、白色文字-->
<nav class="navbar bg-dark navbar-dark" id="navbar">
    <!--.navbar-nav 是在导航.nav 的基础上重新调整菜单项的浮动与内外边距。 -->
    <ul class="navbar-nav">
        <!--在 li 中添加.nav-item，在 a 中添加.nav-link 设置导航的样式-->
        <li class="nav-item">
           <a class="nav-link" href="#s1">Section 1</a>
        </li>
        <li class="nav-item">
           <a class="nav-link" href="#s2">Section 2</a>
        </li>
        <li class="nav-item">
```

```
            <!--.dropdown-toggle 类和 data-toggle="dropdown" 属性类别用来激活下
拉菜单-->
            <a class="nav-link dropdown-toggle" data-toggle="dropdown" href="#">
              Section 3
            </a>
            <!--.dropdown-menu 用来指定被激活的菜单-->
            <div class="dropdown-menu">
              <!--.dropdown-item 添加列表元素的样式-->
              <a class="dropdown-item" href="#s3">3.1</a>
              <a class="dropdown-item" href="#s4">3.2</a>
            </div>
        </li>
    </ul>
</nav>
<div id="s1">
    <h1>Section 1</h1>
    <p><img src="005.jpg" alt="" width="300px" height="300px"></p>
</div>
<div id="s2">
    <h1>Section 2</h1>
    <p><img src="006.jpg" alt="" width="300px" height="300px"></p>
</div>
<div id="s3">
    <h1>Section 3.1</h1>
    <p><img src="007.jpg" alt="" width="300px" height="300px"></p>
</div>
<div id="s4">
    <h1>Section 3.2</h1>
    <p><img src="008.jpg" alt="" width="300px" height="300px"></p>
</div>
</body>
</html>
```

运行以上程序代码，结果如图 11-25 所示；当滚动滚动条时，导航条会时时监听并更新当前被激活的菜单项，效果如图 11-26 所示。

图 11-25　滚动前的界面

图 11-26　滚动后的界面

11.5 胶囊导航选项卡(Tab 栏)

选项卡是网页中一种常用的功能，用户单击或悬浮对应的菜单选项，能切换到对应的内容。
使用 Bootstrap 框架实现胶囊导航选项卡只需要以下两部分。

(1) 胶囊导航组件：对应的是 Bootstrap 中的 nav-pills。

(2) 可以切换的选项卡面板：对应的是 Bootstrap 中的 tab-pane 类。选项卡面板的内容
统一放在 tab-content 容器中，而且每个内容面板 tab-pane 都需要设置一个独立的选择符
(ID)与选项卡中的 data-target 或 href 的值匹配。

 选项卡中链接的锚点要与对应的面板内容容器的 ID 相匹配。

实例 17 设计胶囊导航选项卡(案例文件：ch11\11.17.html)

```html
<!DOCTYPE html>
<html>
<head>
<title></title>
    <meta name="viewport" content="width=device-width, initial-scale=1,
shrink-to-fit=no">
    <link rel="stylesheet" href="bootstrap-4.1.3/css/bootstrap.css">
    <script src="jquery.js"></script>
    <script src="bootstrap-4.1.3/js/bootstrap.bundle.js"></script>
    <script src="bootstrap-4.1.3/js/bootstrap.js"></script>
</head>
<body>
<div class="container">
    <h2>胶囊导航选项卡</h2>
    <!--在ul中添加.nav 和.nav-pills, .nav-pills 类用来设置胶囊导航-->
    <ul class="nav nav-pills">
        <!--在li中添加.nav-item，在a中添加.nav-link，对于选中的选项添加.active 类-->
        <!--添加data-toggle="pill"属性类别，是去掉a 标签的默认行为，实现动态切换导
航的active 属性效果-->
        <!--给每个a 标签的href 属性添加属性值，用于绑定下面选项卡面板中对应的元素，当
导航切换时，显示对应的内容-->
        <li class="nav-item"><a class="nav-link active" data-toggle="pill"
href="#tab1">图片 1</a></li>
        <li class="nav-item"><a class="nav-link" data-toggle="pill"
href="#tab2">图片 2</a></li>
        <li class="nav-item"><a class="nav-link" data-toggle="pill"
href="#tab3">图片 3</a></li>
        <li class="nav-item"><a class="nav-link" data-toggle="pill"
href="#tab4">图片 4</a></li>
    </ul>
    <!--选项卡面板-->
    <!-- 选项卡面板中的tab-content类和.tab-pane 类 与data-toggle="pill"一同使
用，设置标签页对应的内容随胶囊导航的切换而更改-->
    <div class="tab-content">
        <!--.active 类用来设置胶囊导航默认情况下激活的选项所对应的元素-->
```

```
    <div id="tab1" class="tab-pane active">
        <img src="01.png" alt="景色1" class="img-fluid">
    </div>
    <div id="tab2" class="tab-pane fade">
        <img src="02.png" alt="景色2" class="img-fluid">
    </div>
    <div id="tab3" class="tab-pane fade">
        <img src="03.png" alt="景色3" class="img-fluid">
    </div>
    <div id="tab4" class="tab-pane fade">
        <img src="04.png" alt="景色4" class="img-fluid">
    </div>
  </div>
</div>
</body>
</html>
```

运行以上程序代码，结果如图 11-27 所示；单击"图片 4"选项卡面板内容切换，效果如图 11-28 所示。

图 11-27　页面加载完成后效果

图 11-28　单击"图片 4"选项卡效果

11.6　上 机 练 习

练习 1：设计网上商城导航菜单

本练习设计标签页导航下拉菜单，运行效果如图 11-29 所示。

图 11-29　网上商城导航菜单

练习 2：为商品添加采购信息页面

本练习使用模态框为商品添加采购信息页面。单击任意商品名称，即可弹出提示输入信息页面，如图 11-30 所示。

图 11-30　为商品添加采购信息页面

第 12 章

综合项目 1——开发商品信息展示系统

　　该项目利用 jQuery 并结合 ECMAScript 的 ES6 语法构建出 MVC 结构，在一个单独的 HTML 页面上实现动态的应用程序。该项目是一个类似于团购网的商品信息展示系统，用户可以在其中浏览美食和电影两种不同的商品。同时用户还可以切换浏览模式，可以用列表模式、大图模式和地图模式进行浏览。利用该项目，可以学习了解 jQuery 如何和 ES6 结合使用，并深入学习和了解如何使用 ES6 的类，通过使用 ES6，从而使 JavaScript 具有面向对象编程的能力，并利用 MVC 结构把复杂的问题简单化。

12.1 项目需求分析

需求分析是开发项目的必要环节。下面分析商品信息展示系统的需求。

(1) 该商品信息展示系统类似于美团的商品展示页面，用户可以在其中浏览美食和电影两种不同的商品。默认情况下，系统会显示所有的商品，用户可以单击不同的分类按钮来分类浏览商品信息，查看效果如图 12-1 所示。

图 12-1 商品信息展示系统主页

(2) 用户可以切换不同的浏览模式，包括默认的列表模式、大图模式和地图模式。图 12-2 所示为大图模式，图 12-3 所示为地图模式。

图 12-2 大图模式效果

图 12-3　地图模式效果

(3) 用户单击每个商品，将显示商品放大后的效果图，并显示商品的详细信息，如图 12-4 所示。

图 12-4　商品的详细信息

(4) 在页面的最下方实现了翻页功能。用户单击不同的页码序号，可以实现快速翻页的效果，如图 12-5 所示。

注意

在查看网页效果时，出于安全保护，直接访问页面可能会无法显示商品数据，此时可以将网站系统文件夹放置在 PHP 服务器上，然后通过 http://localhost/ch12/web/访问即可。

图 12-5　翻页功能

12.2　项目技术分析

　　该项目使用的方法相对较多，有利于初学者对复杂项目的学习。同时该案例使用了 ES6 的语法规则。ES6 又被称为 ECMAScript 2015，顾名思义，它是 ECMAScript 在 2015 年发布的新标准。它为 JavaScript 语法带来了重大变革，ES6 包含了许多新的语言特性，使 JavaScript 变得更加强大。比如其中一个主要变革是 ES6 中添加了对类的支持，引入了 class 关键字，从而让类的声明和继承更加直观。

　　随着 JavaScript 的快速发展，JavaScript 和 jQuery 配合使用，加上 ES6 新语法，JavaScript 可以更简单高效地开发复杂的应用。本案例中使用了类，这里读者需要多学习和理解。

　　为了便于初学者学习，该案例没有使用专门的数据库，而是用 nodeJS 生成 data.json 文件，该文件用于提供 json 数据。在没有专门数据库的情况下，仍然实现了动态数据的效果，可见 JavaScript 和 jQuery 搭配使用的功能非常强大。

12.3　系统的代码实现

　　下面来分析商品信息展示系统功能是如何实现的。

12.3.1　设计首页

　　首页为商品信息展示，代码如下：

```
<!DOCTYPE html>
<html>
<head>
```

```html
<!-- Standard Meta -->
<meta charset="utf-8" />
<meta http-equiv="X-UA-Compatible" content="IE=edge,chrome=1" />
<meta name="viewport" content="width=device-width, initial-scale=1.0,
maximum-scale=1.0">

<!-- Site Properties -->
<title>基于 jQuery 的商品信息展示系统</title>
<link rel="stylesheet" type="text/css" href="css/semantic.min.css">
<link rel="stylesheet" type="text/css" href="css/style.css">

<script src="js/jquery-3.1.1.min.js"></script>
<script type="text/javascript"
src="http://api.map.baidu.com/api?v=2.0&ak=58HRTz2BqR7brG1Ys5qMG6yFdj8A5
Gzg"></script>
<script src="js/RichMarker_min.js"></script>
<script src="css/semantic.min.js"></script>
<script src="js/mvc.js"></script>
<script src="js/app.js"></script>
</head>
<body>

<div class="ui container">
  <h1>基于 jQuery 的休闲娱乐信息展示系统</h1>

  <div class="ui raised segment">

    <div class="condition-cont">
      <dl class="condition-area">
        <dt>分类: </dt>
        <dd class="unlimited"><a data-type="">不限</a></dd>
        <dd>
          <a data-type="food">美食</a></dd>
        <dd>
          <a data-type="movie">电影</a></dd>
      </dl>
      <p class="viewtypes">
        <a data-view="list"><i class="large teal list layout icon"></i>列
表模式</a>
        <a data-view="grid"><i class="large teal grid layout icon"></i>大
图模式</a>
        <a data-view="map"><i class="large teal marker icon"></i>地图模式</a>
      </p>
    </div>

    <div class="products">
      <p class="total">共找到 <span class="count"></span> 个结果</p>

      <div class="ui items" id="itemlist"></div>

      <div id="mapContainer"></div>

      <div class="pager">

      </div>
```

```
    </div>

    <div id="modalContainer"></div>

   </div>
  </div>
 </body>
</html>
```

12.3.2　开发控制器类的文件

Controller.js 文件位于项目的\web\js\es6\目录下，主要内容为控制器类。该类主要的方法含义如下。

- ndex()：显示产品列表。
- set type()：切换不同类型的产品。
- set viewModel()：切换试图模式
- viewDetail()：显示商品详细信息。
- map()：以地图的方式显示商品信息。

Controller.js 文件中的代码如下：

```
class Controller{
   constructor(model, view, type){
      this._view = view;
      this.model = model;
      this._type = type;
   }

   /**
    * render index page
    * @param integer page current page number
    * @param string type
    */
   index(page){
      var self = this;
      if(self._view.name == 'map'){
         if(this._type){
            self.model.findType(this._type).then(function(data){
               self._view.display(data, false);
            });
         }else{
            self.model.findAll().then(function(data){
               self._view.display(data, false);
            });
         }
      }else{
         self.model.find({page:page,type:self._type}).then(function(data){
            self._view.display(data, false);
         });
      }
   }
```

```
set type(val){
    this._type = val;
}

/**
 * change view model. list or grid or map.
 * @param view
 */
set viewModel(view){
    var self = this;
    this._view = view;
    if(self._view.name == 'map'){
        self._view.init();
        if(this._type){
            self.model.findType(this._type).then(function(data){
                self._view.display(data, false);
            });
        }else{
            self.model.findAll().then(function(data){
                self._view.display(data, false);
            });
        }
    }else{
        this._view.display(this.model.cache.last, false);
    }
}

get viewModel(){
    return this._view;
}

viewDetail(id){
    var self = this;
    var model = self.model.findById(id);
    if(model){
        this._view.detail(model);
    }
}

map(type){
    type = type?type:this._type;
    var map = new MapView();
    if(type){
        map.addMarks(this.model.cache[type]);
    }else{
        map.addMarks(this.model.cache.all);
    }
}
}
```

12.3.3 开发数据模型类文件

Model.js 位于项目的\web\js\es6\目录下，主要内容为数据模型类。该类主要的方法含义如下。

- findAll()：返回所有商品的数据信息。
- findType()：返回指定类型的商品数据信息。
- find()：根据条件返回数据，并把数据裁剪成 pagination 中定义的 pageSize 的数量。
- findById()：根据给定 ID 返回一条数据。

Model.js 文件中的代码如下：

```javascript
class Model{
    constructor(pagination){
        var self = this;
        self.data_file = 'data.json';
        self.pagination = pagination;
        self.data = $.getJSON(self.data_file);
        self.cache = {};
        self.cache.last = null; //last found items, pagination pageSized items.
        self.cache.all = null;
        self.cache.food = null;
        self.cache.movie = null;
    }

    _paginationCut(data, condition){
        var self = this;
        self.pagination.totalCount = data.length;
        self.pagination.page = condition.page;
        console.log('self.pagination.page:', self.pagination.page);
        console.log('self.pagination.offset:', self.pagination.offset);
        var pagination = self.pagination;
        console.log('pagination.offset:', pagination.offset);
        data = data.slice(pagination.offset, pagination.offset+pagination.limit);
        self.cache.last = data;
        return data;
    }

    find(condition){
        var self = this;
        var defer = $.Deferred();
        if(condition.type){
            this.findType(condition.type).then(function(data){
                data = self._paginationCut(data, condition);
                defer.resolve(data);
            });
        }else{
            this.findAll().then(function(data){
                data = self._paginationCut(data, condition);
                defer.resolve(data);
            });
        }
        return defer;
    }

    findAll(){
        var self = this;
        var defer = $.Deferred();
        if(self.cache.all){
            self.pagination.totalCount = self.cache.all.length;
```

```
            defer.resolve(self.cache.all);
        }else{
            self.data.done(function(data){
                var items = data.items;
                self.cache.all = items;
                self.pagination.totalCount = self.cache.all.length;
                defer.resolve(self.cache.all);
            });
        }
        return defer;
    }

    findType(type){
        var self = this;
        var defer = $.Deferred();
        if(self.cache[type]){
            self.pagination.totalCount = self.cache[type].length;
            defer.resolve(self.cache[type]);
        }else{
            self.data.done(function(data){
                var items = data.items.filter(function(elem, index, self) {
                    return elem.type == type;
                });
                self.cache[type] = items;
                self.pagination.totalCount = items.length;
                defer.resolve(self.cache[type]);
            });
        }
        return defer;
    }

    findById(id){
        var self = this;
        var result = self.cache.all.filter(function(element, index, array) {
            return element['id'] == id;
        });
        // console.log('findById:', result);
        if(result.length>0)
            return result[0];
        else
            return false;
    }
}
```

12.3.4 开发视图抽象类的文件

AbstractView.js 位于项目的\web\js\es6\目录下，主要内容为视图抽象类。该类的主要
方法含义如下。

● detail()：在模态框中显示商品的详细信息。

● displayTotalCount()：显示满足条件的条数。

● displayPager()：显示翻页按钮。

● replaceProducts()：删除前一页内容，显示当前页内容。

- display()：公共方法。该方法调用方法 displayTotalCount()、appendProducts()和 displayPager()。
- _models2HtmlStr()：抽象方法。根据当前页数组对象返回 html 字符串。

AbstractView.js 文件中的代码如下：

```
/**
 * 该类是视图的抽象类。ListView、GridView 继承该类
 */
class AbstractView{
    constructor(pagination, options){
        this.settings = $.extend({
            listContainer:      '#itemlist',
            mapContainer:       '#mapContainer',
            modalContainer:     '#modalContainer',
            pagerCountainer:    '.pager',
            totalCount:         '.total .count'
        }, options||{});
        this.pagination = pagination;
        this.name = 'abstract';
    }
    static get noSearchData(){
        return '<li class="no-data">当前查询条件下没有信息，去试试其他查询条件吧！</li>';
    }

    /**
     * 在模态框中显示商品的详细信息
     */
    detail(model){
        var self = this;
        $(self.settings.modalContainer).empty().append(
            `<div class="ui modal">
            <i class="close icon"></i>
            <div class="header">
              ${model.name}
            </div>
            <div class="image content">
              <div class="ui medium image">
                <img src="${model.img}">
              </div>
              <div class="description">
                <div class="ui header">${model.name}</div>
                <p>
                    <span class="priceLabel">价格: </span>
                    <span class="price">${model.price}</span> 元
                </p>
              </div>
            </div>
            <div class="actions">
              <div class="ui black deny button">
                关闭
              </div>
              <div class="ui positive right labeled icon button">
                付款
                <i class="checkmark icon"></i>
```

```
                </div>
              </div>
            </div>`
    );
    $('.ui.modal').modal('show');
    $('.ui.modal').modal({onHidden:function(event){
        $(this).remove();
    }}});
}


/**
 * 显示满足条件的条数
 */
displayTotalCount(){
    console.log('this.pagination.totalCount:',this.pagination.totalCount);
    $(this.settings.totalCount).text(this.pagination.totalCount);
}


/**
 * 显示翻页按钮
 */
displayPager(){
    var $pages = this._pageButtons();
    $(this.settings.pagerCountainer).empty().append($pages);
}


_pageButtons(){
    var $container = $('<div>').addClass('ui pagination menu');
    var pagerange = this.pagination.pageRange;
    for(var i = pagerange[0]; i <= pagerange[1]; i++){
        var $btn = $('<a>').addClass('item').text(i+1);
        if(i == this.pagination.page){
            $btn.addClass('active');
        }
        $container.append($btn);
    }
    return $container;
}
/**
 * 删除前一页内容，显示当前页内容
 * @param array items 当前页的数组对象
 */
replaceProducts(items){
    var self = this;
    $(self.settings.listContainer).empty().removeAttr('style');
    var htmlString = this._models2HtmlStr(items);
    if(htmlString)
        $(self.settings.listContainer).html(htmlString);
    else{
        $(self.settings.listContainer).html(this.constructor.noSearchData);
    }
    window.scrollTo(0,0);
}
/**
 * 保持前一页内容，在前页内容的后面继续添加当前页的内容
```

```
 * @param array items 当前页的数组对象
 */
appendProducts(items){
    var self = this;
    var htmlString = this._models2HtmlStr(items);
    if(htmlString)
        $(self.settings.listContainer).append(htmlString);
}

/**
 * public 方法, 该方法调用 displayTotalCount()、appendProducts()和 displayPager()
 * @param array items 当前页的数组对象
 * @param append 默认保留前一页内容, 在前一页后面继续添加当前页内容
 */
display(items, append=true){
    $(this.settings.mapContainer).empty().removeAttr('style');
    this.displayTotalCount();
    if(append){
        this.appendProducts(items);
    }else{
        this.replaceProducts(items);
    }
    this.displayPager();
}

/**
 * 抽象方法, 根据当前页数组对象返回 html 字符串
 * @param array models 当前页的数组对象
 * @private
 */
_models2HtmlStr(models){

}
}
```

12.3.5 项目中的其他 js 文件说明

由于篇幅限制, 这里不再对每个 js 文件详细说明, 读者可以参照源文件进行查看。除了上述 js 文件以外, 还有以下几个比较重要的 js 文件。

- ListView.js: 定义列表视图类, 继承抽象视图类。
- GridView.js: 定义大图视图类, 继承抽象视图类。
- MapView.js: 定义地图视图类。
- Pagination.js: 定义翻页功能类。
- generateData.js: 用于生成 data.json 数据文件, 该文件用 NodeJS 执行, 注意该文件不能在浏览器上直接运行。
- gulpfile.js: 定义了如何把 ES6 文件转换成 ES5 文件, 并把多个 js 文件合并成一个 js 文件, 以及把 less 文件编译成 CSS 文件。
- mvc.js: 将 Model.js、AbstractView.js、ListView.js、GridView.js、MapView.js 和 Pagination.js 最后合并到 mvc.js 文件里。

第 13 章

综合项目 2——开发企业门户网站

在全球知识经济和信息化高速发展的今天，网络化已经成为企业的发展趋势。例如，人们想要了解某个企业，一般会先在网络中搜索这个企业，进而对该企业有个初步的了解。本章就来介绍如何开发一个企业门户网站。

13.1 系统分析

计算机技术、网络通信技术和多媒体技术的飞速发展对人们的生产和生活方式产生了很大的影响，随着多媒体应用技术的不断成熟，以及宽带网络的不断发展，相信很多企业都会愿意制作一个本企业的门户网站，来展示自己的企业文化、产品等信息。

13.2 系统设计

下面就来制作一个企业门户网站，包括网站首页、公司简介、产品中心、新闻中心、联系我们等页面。

13.2.1 系统目标

本章要为"天虹集团"制作一个企业门户网站，该集团以电子产品为主，主要设计目标如下。

(1) 操作简单方便、界面简洁美观。

(2) 能够全面展示企业产品分类以及产品的详细信息。

(3) 浏览速度快，尽量避免出现长时间打不开网页的情况。

(4) 页面中的文字清晰、图片与文字相符。

(5) 系统运行稳定、安全可靠。

13.2.2 系统功能结构

"天虹集团"企业门户网站的系统功能结构如图 13-1 所示。

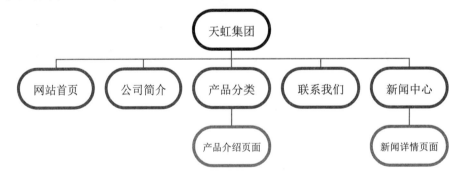

图 13-1 "天虹集团"网站功能结构图

13.2.3 文件夹组织结构

"天虹集团"门户网站的文件夹组织结构如图 13-2 所示。

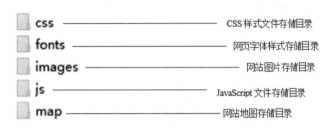

图 13-2　"天虹集团"网站文件夹组织结构图

"天虹集团"门户网站用到的资料文件夹 static 包含的子文件夹如图 13-3 所示。

图 13-3　static 文件夹包含的子文件夹

由上述结构可以看出，本项目是基于 HTML5、CSS3、JavaScript 的案例程序，案例主要通过 HTML5 确定框架、CSS3 确定样式、JavaScript 来完成调度，三者合作来实现网页的动态化，案例所用的图片全部保存在 images 文件夹中。

本案例代码清单如下。

(1) HTML 文件：本案例包括多个 HTML 文件，主要文件为 index.html、about.html、news.html、products.html、contact.html 等。它们分别是首页页面、公司简介页面、新闻中心页面、产品分类页面、联系我们页面等。

(2) js 文件夹：本案例一共有 3 个 js 文件，分别为 main.js、jquery.min.js、bootstrap.min.js。

(3) css 文件夹：本案例一共有 2 个 css 文件，分别为 main.css、bootstrap.min.css。

13.3　网 页 预 览

在设计"天虹集团"企业门户网站时，应用 CSS 样式、<div>标记、JavaScript 和 jQuery 技术，制作了一个科技时代感很强的网页，下面就来预览网页效果。

13.3.1　网站首页

企业门户网站的首页用于展示企业的基本信息，包括企业简介、产品分类、产品介绍等。首页页面的运行效果如图 13-4 所示。

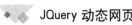

图 13-4 "天虹网站"首页

13.3.2 产品分类页面

产品分类页面主要包括产品分类、产品图片等内容，当单击某个产品图片，可以进入下一级页面，在打开的页面中查看具体的产品介绍信息。页面的运行效果如图 13-5 所示。

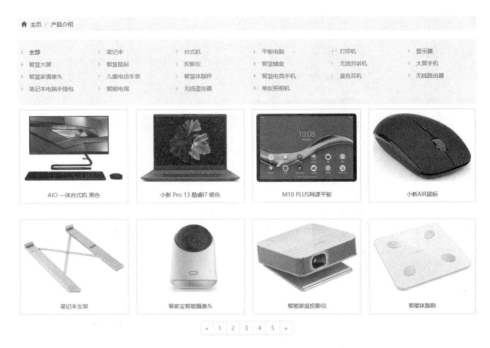

图 13-5　产品分类页面

13.3.3　产品介绍页面

产品介绍页面是产品分类页面的下一级页面，在该页面中主要显示了某个产品的具体信息，页面运行效果如图 13-6 所示。

图 13-6　产品介绍页面

13.3.4　新闻中心页面

一个企业门户网站需要有一个新闻中心页面，在该页面中可以查看有关企业的最新信息，以及一些和本企业经营相关的政策和新闻等，页面运行效果如图 13-7 所示。

图 13-7　新闻中心页面

13.3.5　新闻详情页面

当需要查看某个具体的新闻时，可以在新闻分类页面中单击某个新闻标题，然后进入新闻详情页面，查看具体内容，页面运行效果如图 13-8 所示。

图 13-8　新闻详情页面

13.4 项目代码实现

下面来介绍企业门户网站各个页面的实现过程及相关代码。

13.4.1 网站首页页面代码

在网站首页中，一般会存在导航菜单，通过这个导航菜单实现在不同页面之间的跳转。导航菜单如图 13-9 所示。

| 网站首页 | 关于天虹 | 产品介绍 | 新闻中心 | 联系我们 |

图 13-9 网站导航菜单

实现导航菜单的 HTML 代码如下：

```html
<div class="nav-list"><!--class="collapse navbar-collapse" id="bs-
example-navbar-collapse"-->
                <ul class="nav navbar-nav">
                <li class="active hidden-xs">
                    <a href="index.html">网站首页</a>
                </li>
                <li>
                    <a href="about.html">关于天虹</a>
                </li>
                <li>
                    <a href="products.html">产品介绍</a>
                </li>
                <li>
                    <a href="news.html">新闻中心</a>
                </li>
                <li>
                    <a href="contact.html">联系我们</a>
                </li>
                </ul>
            </div>
```

上述代码定义了一个<div>标记，然后通过 css 控制<div>标记的样式，并在<div>标记中插入无序列表以实现导航菜单效果。

实现网站首页的主要代码如下：

```html
<!DOCTYPE html>
<html lang="zh-cn">
    <head>
        <title>天虹集团</title>
        <meta charset="utf-8" />
        <meta name="viewport" content="width=device-width, initial-
scale=1">
        <link rel="stylesheet" type="text/css"
href="static/css/bootstrap.min.css" />
        <link rel="stylesheet" type="text/css"
```

```
href="static/css/main.css" />
    </head>
    <body class="bodypg">
        <div class="top-intr">
            <div class="container">
                <p class="pull-left">
                    天虹集团有限公司
                </p>
                <p class="pull-right">
                <a><i class="glyphicon glyphicon-earphone"></i>联系电话：
010-12345678 </a>
                </p>
            </div>
        </div>
        <nav class="navbar-default">
            <div class="container">
                <div class="navbar-header">
                    <!--<button type="button" class="navbar-toggle" data-
toggle="collapse" data-target="#bs-example-navbar-collapse">
                        <span class="sr-only">Toggle navigation</span>
                        <span class="icon-bar"></span>
                        <span class="icon-bar"></span>
                        <span class="icon-bar"></span>
                    </button>-->
                    <a href="index.html">
                        <h1>天虹科技</h1>
                        <p>T HONG CO.LTD.</p>
                    </a>
                </div>
                <div class="pull-left search">
                    <input type="text" placeholder="输入搜索的内容"/>
                    <a><i class="glyphicon glyphicon-search"></i>搜索</a>
                </div>
                <div class="nav-list"><!--class="collapse navbar-
collapse" id="bs-example-navbar-collapse"-->
                    <ul class="nav navbar-nav">
                    <li class="active hidden-xs">
                        <a href="index.html">网站首页</a>
                    </li>
                    <li>
                        <a href="about.html">关于天虹</a>
                    </li>
                    <li>
                        <a href="products.html">产品介绍</a>
                    </li>
                    <li>
                        <a href="news.html">新闻中心</a>
                    </li>
                    <li>
                        <a href="contact.html">联系我们</a>
                    </li>
                    </ul>
                </div>
            </div>
        </nav>
```

```html
            <!--banner-->
        <div id="carousel-example-generic" class="carousel slide " data-
ride="carousel">
            <!-- Indicators -->
            <ol class="carousel-indicators">
                <li data-target="#carousel-example-generic" data-slide-
to="0" class="active"></li>
                <li data-target="#carousel-example-generic" data-slide-
to="1"></li>
                <li data-target="#carousel-example-generic" data-slide-
to="2"></li>
            </ol>

            <!-- Wrapper for slides -->
            <div class="carousel-inner" role="listbox">
                <div class="item active">
                    <img src="static/images/banner/banner2.jpg">
                </div>
                <div class="item">
                    <img src="static/images/banner/banner3.jpg">
                </div>
                <div class="item">
                    <img src="static/images/banner/banner1.jpg">
                </div>
            </div>

            <!-- Controls -->
            <a class="left carousel-control" href="#carousel-example-
generic" role="button" data-slide="prev">
                <span class="glyphicon glyphicon-chevron-left" aria-
hidden="true"></span>
                <span class="sr-only">Previous</span>
            </a>
            <a class="right carousel-control" href="#carousel-example-
generic" role="button" data-slide="next">
                <span class="glyphicon glyphicon-chevron-right" aria-
hidden="true"></span>
                <span class="sr-only">Next</span>
            </a>
        </div>
        <!--main-->
        <div class="main container">
            <div class="row">
                <div class="col-sm-3 col-xs-12">
                    <div class="pro-list">
                        <div class="list-head">
                            <h2>产品分类</h2>
                            <a href="products.html">更多+</a>
                        </div>
                        <dl>
                            <dt>台式机</dt>
                            <dd><a href="products-detail.html">AIO 一体台式
机 黑色</a></dd>
                            <dt>笔记本</dt>
                            <dd><a href="products-detail1.html">小新 Pro
```

```
13 酷睿 i7 银色</a></dd>
                        <dt>平板电脑</dt>
                        <dd><a href="products-detail2.html">M10 PLUS
网课平板</a></dd>
                        <dt>电脑配件</dt>
                        <dd><a href="products-detail3.html">小新 AIR 鼠
标</a></dd>
                        <dd><a href="products-detail4.html">笔记本支架
</a></dd>
                        <dt>智能产品</dt>
                        <dd><a href="products-detail5.html">看家宝智能
摄像头</a></dd>
                        <dd><a href="products-detail6.html">智能家庭投
影仪</a></dd>
                        <dd><a href="products-detail7.html">智能体脂称
</a></dd>
                    </dl>
                </div>

            </div>
            <div class="col-sm-9 col-xs-12">
                <div class="about-list row">
                    <div class="col-md-9 col-sm-12">
                        <div class="about">
                            <div class="list-head">
                                <h2>公司简介</h2>
                                <a href="about.html">更多+</a>
                            </div>
                            <div class=" about-con row">
                                <div class="col-sm-6 col-xs-12">
                                    <img src="static/images/ab.jpg"/>
                                </div>
                                <div class="col-sm-6 col-xs-12">
                                    <h3>天虹集团有限公司</h3>
                                    <p>
                                        天虹集团有限公司是一家年收入 500 亿
美元的世界 500 强公司，拥有 63 000 多名员工，业务遍及全球 180 多个市场。
                                    </p>
                                </div>
                            </div>
                        </div>
                    </div>
                    <div class="col-md-3 col-sm-12">
                        <div class="con-list">
                            <div class="list-head">
                                <h2>联系我们</h2>
                            </div>
                            <div class="con-det">
                                <a href="contact.html"><img src=
"static/images/listcon.jpg"/></a>
                                <ul>
                                    <li>公司地址：北京市天虹区产业园</li>
                                    <li>固定电话：<br/>010-12345678</li>
                                    <li>联系邮箱：Thong@job.com</li>
```

```
                    </ul>
                </div>
            </div>
        </div>
    </div>
    <div class="pro-show">
        <div class="list-head">
            <h2>产品展示</h2>
            <a href="products.html">更多+</a>
        </div>
        <ul class="row">
            <li class="col-sm-3 col-xs-6">
                <a href="products-detail.html">
                    <img src="static/images/products/
pro1.jpg"/>
                    <p>AIO 一体台式机 黑色</p>
                </a>
            </li>
            <li class="col-sm-3 col-xs-6">
                <a href="products-detail1.html">
                    <img src="static/images/products/
pro2.jpg"/>
                    <p>小新 Pro 13 酷睿 i7 银色</p>
                </a>
            </li>
            <li class="col-sm-3 col-xs-6">
                <a href="products-detail2.html">
                    <img src="static/images/products/
pro3.jpg"/>
                    <p>M10 PLUS 网课平板</p>
                </a>
            </li>
            <li class="col-sm-3 col-xs-6">
                <a href="products-detail3.html">
                    <img src="static/images/products/
pro4.jpg"/>
                    <p>小新 AIR 鼠标</p>
                </a>
            </li>
            <li class="col-sm-3 col-xs-6">
                <a href="products-detail4.html">
                    <img src="static/images/products/
pro5.jpg"/>
                    <p>笔记本支架</p>
                </a>
            </li>
            <li class="col-sm-3 col-xs-6">
                <a href="products-detail5.html">
                    <img src="static/images/products/
pro6.jpg"/>
                    <p>看家宝智能摄像头</p>
                </a>
            </li>
            <li class="col-sm-3 col-xs-6">
                <a href="products-detail6.html">
```

```
                                        <img src="static/images/products/
pro7.jpg"/>
                                        <p>智能家庭投影仪</p>
                                    </a>
                                </li>
                                <li class="col-sm-3 col-xs-6">
                                    <a href="products-detail7.html">
                                        <img src="static/images/products/
pro8.jpg"/>
                                        <p>智能体脂称</p>
                                    </a>
                                </li>
                            </ul>
                        </div>
                    </div>
                </div>
                <a class="move-top">
                    <p><i class="glyphicon glyphicon-chevron-up"></i></p>
                </a>
                <footer>
                    <div class="footer02">
                        <div class="container">
                            <div class="col-sm-4 col-xs-12 footer-address">
                                <h4>天虹集团有限公司</h4>
                                <ul>
                                    <li><i class="glyphicon glyphicon-home"></i>
公司地址：北京市天虹区产业园 1 号</li>
                                    <li><i class="glyphicon glyphicon-phone-
alt"></i>固定电话：010-12345678 </li>
                                    <li><i class="glyphicon glyphicon-phone"></i>
移动电话：01001010000</li>
                                    <li><i class="glyphicon glyphicon-
envelope"></i>联系邮箱：Thong@job.com</li>
                                </ul>
                            </div>
                            <ul class="footerlink col-sm-4 hidden-xs">
                                <li>
                                    <a href="about.html">关于我们</a>
                                </li>
                                <li>
                                    <a href="products.html">产品介绍</a>
                                </li>
                                <li>
                                    <a href="news.html">新闻中心</a>
                                </li>
                                <li>
                                    <a href="contact.html">联系我们</a>
                                </li>
                            </ul>
                            <div class="gw col-sm-4 col-xs-12">
                                <p>关注我们：</p>
                                <img src="static/images/wx.jpg"/>
                                <p>客服热线：01001010000</p>
                            </div>
```

```
            </div>
            <div class="copyright text-center">
                <span>copyright © 2020 </span>
                <span>天虹集团有限公司 </span>
            </div>
        </div>
    </footer>
    <script src="static/js/jquery.min.js" type="text/javascript"
charset="utf-8"></script>
    <script src="static/js/bootstrap.min.js" type="text/javascript"
charset="utf-8"></script>
    <script src="static/js/main.js" type="text/javascript"
charset="utf-8"></script>
</body>
</html>
```

13.4.2　图片动态效果代码

网站页面中的 Banner 图片一般是自动滑动运行，要想实现这种功能，可以在自己的网站中应用 jQuery 库。要想在文件中引入 jQuery 库，需要在网页的<head>标记中应用下面的引入语句。

```
<script type="text/javascript" src="static/js/jquery.min.js"></script>
```

例如，在本程序中使用 jQuery 库来实现图片自动滑动运行效果，用于控制整个网站 Banner 图片自动运行，代码如下：

```
<script type="text/javascript">
$(function(){
    $(".move-top").click(function () {
        var speed=200;    //滑动的速度
        $('body,html').animate({ scrollTop: 0 }, speed);
        return false;
    });
})
</script>
```

以上代码运行之后，网站首页 Banner 以 200 毫秒的速度滑动。图 13-10 所示为 Banner 的第一个图片，图 13-11 所示为 Banner 的第二个图片，图 13-12 所示为 Banner 的第三个图片。

图 13-10　Banner 的第一个图片

图 13-11　Banner 的第二个图片

图 13-12　Banner 的第三个图片

13.4.3　公司简介页面代码

公司简介页面用于介绍公司的基本情况，包括经营状况、产品信息等，实现页面功能的主要代码如下：

```
<div class="col-md-12 serli">
                <ol class="breadcrumb">
                    <li><i class="glyphicon glyphicon-home"></i><a
href="index.html">主页</a></li>
                    <li class="active">关于天虹</li>
                </ol>
                <div class="abdetail">
                    <img src="static/images/ab.jpg"/>
                    <p>
                        天虹集团有限公司 经销批发的笔记本电脑、台式机、平板电
脑、企业办公设备、电脑配件等畅销消费者市场，在消费者当中享有较高的声誉，公司与多家零售
商和代理商建立了长期稳定的合作关系。天虹集团有限公司经销的笔记本电脑、台式机、平板电脑、
企业办公设备、电脑配件等品种齐全、价格合理。天虹集团有限公司实力雄厚，重信用、守合同、
保证产品质量，以多品种经营特色和薄利多销的原则，赢得了广大客户的信任。
                    </p>
                </div>
                <ul class="rec clearfix">
                    <li>
                        <a href="contact.html" class="btn btn-
```

```
danger">联系我们</a>
                        </li>
                    </ul>
                </div>
```

通过上述代码，可以在页面的中间区域添加公司介绍内容，这里运行本案例的主页文件 index.html，然后单击首页中的"关于天虹"超链接，即可进入关于天虹页面，实现效果如图 13-13 所示。

图 13-13　公司简介页面效果

13.4.4　产品介绍页面代码

运行本案例的主页文件 index.html，然后单击首页中的"产品介绍"超链接，即可进入产品介绍页面。下面给出产品介绍页面的主要代码：

```
<div class="abpg container">
    <div class="">
        <!--<div class="col-md-3">
            <div class="model-title theme">
                产品介绍
            </div>
            <div class="model-list">
                <ul class="list-group">
                    <li class="list-group-item ">
                        <a href="about.html">产品介绍</a>
                    </li>
                </ul>
            </div>
        </div>-->
        <div class="serli ">
```

```
<ol class="breadcrumb">
    <li><i class="glyphicon glyphicon-home"></i>
        <a href="index.html">主页</a>
    </li>
    <li class="active"><a href="products.html">产品介绍</a></li>
</ol>
<div class="caseMenu clearfix">
    <ul class=" caseList">
        <li class=" col-sm-2 col-xs-6 active">
            <div>
                <a href="products.html">全部</a>
            </div>
        </li>
        <li class=" col-sm-2 col-xs-6">
            <div>
                <a href="products.html">笔记本电脑</a>
            </div>
        </li>
        <li class=" col-sm-2 col-xs-6">
            <div>
                <a href="products.html">台式机</a>
            </div>
        </li>
        <li class=" col-sm-2 col-xs-6">
            <div>
                <a href="products.html">平板电脑</a>
            </div>
        </li>
        <li class=" col-sm-2 col-xs-6">
            <div>
                <a href="products.html">打印机</a>
            </div>
        </li>
        <li class=" col-sm-2 col-xs-6">
            <div>
                <a href="products.html">显示器</a>
            </div>
        </li>
        <li class=" col-sm-2 col-xs-6">
            <div>
                <a href="products.html">智慧大屏</a>
            </div>
        </li>
        <li class=" col-sm-2 col-xs-6">
            <div>
                <a href="products.html">智慧鼠标</a>
            </div>
        </li>
        <li class=" col-sm-2 col-xs-6">
            <div>
                <a href="products.html">投影仪</a>
            </div>
        </li>
        <li class=" col-sm-2 col-xs-6">
            <div>
```

```
                    <a href="products.html">智慧键盘</a>
                </div>
        </li>
        <li class=" col-sm-2 col-xs-6">
            <div>
                    <a href="products.html">无线对讲机</a>
                </div>
        </li>
        <li class=" col-sm-2 col-xs-6">
            <div>
                    <a href="products.html">大屏手机</a>
                </div>
        </li>
        <li class=" col-sm-2 col-xs-6">
            <div>
                    <a href="products.html">摄像头</a>
                </div>
        </li>
        <li class=" col-sm-2 col-xs-6">
            <div>
                    <a href="products.html">儿童电话手表</a>
                </div>
        </li>
        <li class=" col-sm-2 col-xs-6">
            <div>
                    <a href="products.html">智慧体脂秤</a>
                </div>
        </li>
        <li class=" col-sm-2 col-xs-6">
            <div>
                    <a href="products.html">智慧电竞手机</a>
                </div>
        </li>
        <li class=" col-sm-2 col-xs-6">
            <div>
                    <a href="products.html">蓝色耳机</a>
                </div>
        </li>
        <li class=" col-sm-2 col-xs-6">
            <div>
                    <a href="products.html">无线路由器</a>
                </div>
        </li>
        <li class=" col-sm-2 col-xs-6">
            <div>
                    <a href="products.html">笔记本电脑手提包</a>
                </div>
        </li>
        <li class=" col-sm-2 col-xs-6">
            <div>
                    <a href="products.html">智能电视</a>
                </div>
        </li>
        <li class=" col-sm-2 col-xs-6">
            <div>
```

```
                    <a href="products.html">无线遥控器</a>
                </div>
            </li>
            <li class=" col-sm-2 col-xs-6">
                <div>
                    <a href="products.html">单反照相机</a>
                </div>
            </li>
        </ul>
    </div>
    <div class="pro-det clearfix">
        <ul>
            <li class="col-sm-3 col-xs-6">
                <div>
                    <a href="products-detail.html">
                        <img src="static/images/products/pro1.jpg"/>
                        <p>AIO 一体台式机 黑色</p>
                    </a>
                </div>
            </li>
            <li class="col-sm-3 col-xs-6">
                <div>
                    <a href="products-detail1.html">
                        <img src="static/images/products/pro2.jpg"/>
                        <p>小新 Pro 13 酷睿 i7 银色</p>
                    </a>
                </div>
            </li>
            <li class="col-sm-3 col-xs-6">
                <div>
                    <a href="products-detail2.html">
                        <img src="static/images/products/pro3.jpg"/>
                        <p>M10 PLUS 平板</p>
                    </a>
                </div>
            </li>
            <li class="col-sm-3 col-xs-6">
                <div>
                    <a href="products-detail3.html">
                        <img src="static/images/products/pro4.jpg"/>
                        <p>小新 AIR 鼠标</p>
                    </a>
                </div>
            </li>
            <li class="col-sm-3 col-xs-6">
                <div>
                    <a href="products-detail4.html">
                        <img src="static/images/products/pro5.jpg"/>
                        <p>笔记本支架</p>
                    </a>
                </div>
            </li>
            <li class="col-sm-3 col-xs-6">
                <div>
                    <a href="products-detail5.html">
```

```html
                            <img src="static/images/products/pro6.jpg"/>
                            <p>看家宝智能摄像头</p>
                        </a>
                    </div>
                </li>
                <li class="col-sm-3 col-xs-6">
                    <div>
                        <a href="products-detail6.html">
                            <img src="static/images/products/pro7.jpg"/>
                            <p>智能家庭投影仪</p>
                        </a>
                    </div>
                </li>
                <li class="col-sm-3 col-xs-6">
                    <div>
                        <a href="products-detail7.html">
                            <img src="static/images/products/pro8.jpg"/>
                            <p>智能体脂称</p>
                        </a>
                    </div>
                </li>
            </ul>
        </div>
        <nav aria-label="Page navigation" class=" text-center">
            <ul class="pagination ">
                <li>
                    <a href="#" aria-label="Previous">
                        <span aria-hidden="true">«</span>
                    </a>
                </li>
                <li>
                    <a href="#">1</a>
                </li>
                <li>
                    <a href="#">2</a>
                </li>
                <li>
                    <a href="#">3</a>
                </li>
                <li>
                    <a href="#">4</a>
                </li>
                <li>
                    <a href="#">5</a>
                </li>
                <li>
                    <a href="#" aria-label="Next">
                        <span aria-hidden="true">»</span>
                    </a>
                </li>
            </ul>
        </nav>
    </div>
  </div>
</div>
```

13.4.5 新闻中心页面代码

运行本案例的主页文件 index.html，然后单击首页中的"新闻中心"超链接，即可进入新闻中心页面。下面给出新闻中心页面的主要代码：

```html
<div class="serli">
        <ol class="breadcrumb">
            <li><i class="glyphicon glyphicon-home"></i>
                <a href="index.html">主页</a>
            </li>
            <li class="active">新闻中心</li>
        </ol>
        <div class="news-liebiao clearfix news-list-xiug">
            <div class="row clearfix news-xq">
                <div class="col-md-2 new-time">
                    <span class="glyphicon glyphicon-time timetubiao"></span>
                    <span class="nqldDay">2</span>
                    <div class="shuzitime">
                        <div>Jun</div>
                        <div>2020</div>
                    </div>
                </div>
                <div class="col-md-10 clearfix">
                    <div class="col-md-3">
                        <img src="static/images/news/news1.jpg"
class="new-img">
                    </div>
                    <div class="col-md-9">
                        <h4>
                            <a href="news-detail.html">一周三场，智慧教育"热
遍"大江南北</a>
                        </h4>
                        <p>在经历了教育信息化 1.0 以"建"为主的时代，我国的教育正
向着以"用"为主的 2.0 时代迈进。</p>
                    </div>
                </div>
            </div>
            <div class="row clearfix news-xq">
                <div class="col-md-2 new-time">
                    <span class="glyphicon glyphicon-time timetubiao"></span>
                    <span class="nqldDay">5</span>
                    <div class="shuzitime">
                        <div>Jun</div>
                        <div>2017</div>
                                </div>
                </div>
                <div class="col-md-10 clearfix">
                    <div class="col-md-3">
                        <img src="static/images/news/news2.jpg"
class="new-img">
                    </div>
```

```
                            <div class="col-md-9">
                                <h4>
                                    <a href="news-detail1.html">小新 15 2020 锐龙版
上手记 </a>
                                </h4>
                                <p>15.6 英寸全面屏高性能轻薄笔记本电脑，配备了高清屏，在观
影和图片编辑等应用方面，色彩的表现非常好，让图像更接近于真实的观感，视觉效果更加生动。
携带很方便，而且比较轻，不会很有重量感。</p>
                            </div>
                        </div>
                    </div>
                    <div class="row clearfix news-xq">
                        <div class="col-md-2 new-time">
                            <span class="glyphicon glyphicon-time timetubiao"></span>
                            <span class="nqldDay">7</span>
                            <div class="shuzitime">
                                <div>Jun</div>
                                <div>2017</div>
                            </div>
                        </div>
                        <div class="col-md-10 clearfix">
                            <div class="col-md-3">
                                <img src="static/images/news/news3.jpg"
class="new-img">
                            </div>
                            <div class="col-md-9">
                                <h4>
                                    <a href="news-detail2.html">13 英寸轻薄本小新
Pro13</a>
                                </h4>
                                <p>小新 Pro13，在更加轻薄的同时还可有效防止震动造成接触不
良。唯一的遗憾就是无法扩容。出厂直接上了 16GB 内存，够用 N 年免折腾。固态硬盘 512GB 对于
大多数小伙伴来说容量够用，自行更换更高容量固态硬盘也很方便。</p>
                            </div>
                        </div>
                    </div>
                    <div class="row clearfix news-xq">
                        <div class="col-md-2 new-time">
                            <span class="glyphicon glyphicon-time timetubiao"></span>
                            <span class="nqldDay">11</span>
                            <div class="shuzitime">
                                <div>Jun</div>
                                <div>2017</div>
                            </div>
                        </div>
                        <div class="col-md-10 clearfix">
                            <div class="col-md-3">
                                <img src="static/images/news/news4.jpg"
class="new-img">
                            </div>
                            <div class="col-md-9">
                                <h4>
                                    <a href="news-detail3.html">ThinkBook 15p 创造
```

287

```
本图赏</a>
                    </h4>
                    <p>ThinkBook 15p 定位为视觉系创造本，是专为次世代创意设
计生产人群量身定制的专业级设计生产终端。无论是在外观和功能的设计还是性能配置方面，都能
看得出 ThinkBook 对新青年设计师群体真实内在需求的深刻理解</p>
                </div>
            </div>
        </div>

    </div>
    <nav class=" text-center">
        <ul class="pagination ">
            <li>
                <a href="#" aria-label="Previous">
                    <span aria-hidden="true">«</span>
                </a>
            </li>
            <li>
                <a href="#">1</a>
            </li>
            <li>
                <a href="#">2</a>
            </li>
            <li>
                <a href="#">3</a>
            </li>
            <li>
                <a href="#">4</a>
            </li>
            <li>
                <a href="#">5</a>
            </li>
            <li>
                <a href="#" aria-label="Next">
                    <span aria-hidden="true">»</span>
                </a>
            </li>
        </ul>
    </nav>
    </div>
</div>
```

13.4.6　联系我们页面代码

几乎每个企业都会在网站的首页添加自己的联系方式，以方便客户查询。下面给出联系我们页面的主要代码：

```
<div class="col-md-12 serli">
                <ol class="breadcrumb">
                    <li><i class="glyphicon glyphicon-home"></i>
                        <a href="index.html">主页</a>
                    </li>
```

```
                                <li class="active">联系我们</li>
                            </ol>
                            <div class="row mes">
                                <div class="address col-sm-6 col-xs-12">
                                    <ul>
                                        <li>公司地址：北京市天虹区产业园 1 号</li>
                                        <li>固定电话：010-12345678</li>
                                        <li>移动电话：01001010000</li>
                                        <li>联系邮箱：Thong@job.com</li>
                                    </ul>
                                    <img src="static/images/c.jpg"/>
                                </div>
                                <div class="letter col-sm-6 col-xs-12">
                                    <form id="message">
                                        <input type="text" placeholder="姓名"/>
                                        <input type="text" placeholder="联系电话"/>
                                        <textarea rows="6" placeholder="消息">
</textarea>

                                    </form>
                                    <a class="btn btn-primary">发送</a>
                                </div>
                            </div>
                        </div>
```

运行本案例的主页文件 index.html，然后单击首页中的"联系我们"超链接，即可进入联系我们页面，在其中可查看公司地址、联系方式以及邮箱地址等信息，如图 13-14 所示。

图 13-14　"联系我们"页面

13.5　项目总结

本案例是模拟制作一个电子产品企业的门户网站，该网站的主体颜色为蓝色，给人一种明快的感觉，网站包括首页、公司简介、产品介绍、新闻中心以及联系我们等超链接，这些功能可以使用 HTML5 来实现。

对于首页中的 banner 图片以及左侧的产品分类模块，均使用 JavaScript 来实现简单的动态效果。图 13-15 所示为左侧的产品分类模块，当鼠标指针放置在某个产品信息文字上时，该文字会向右移动一个字节，鼠标指针以手型样式显示，如图 13-16 所示。

图 13-15　产品分类模块

图 13-16　动态显示产品分类

第14章

综合项目 3——开发连锁咖啡响应式网站

　　本案例介绍咖啡销售网站的制作，通过网站呈现咖啡的理念和咖啡的文化。页面采用两栏的布局形式，风格设计简洁，浏览时让人心情舒畅。

14.1 网 站 概 述

网站的设计思路和设计风格与 Bootstrap 框架风格完美融合，下面就来介绍具体的实现步骤。

14.1.1 网站结构

本案例目录文件说明如下。

(1) bootstrap-4.5.3-dist：bootstrap 框架文件夹。

(2) font-awesome-4.7.0：图标字体库文件。下载地址为 http://www.fontawesome.com.cn/。

(3) css：样式表文件夹。

(4) js：JavaScript 脚本文件夹，包含 index.js 文件和 jQuery 库文件。

(5) images：图片素材。

(6) index.html：首页。

14.1.2 设计效果

本案例主要制作咖啡网站的首页效果，其他页面设计可以套用首页模板。首页在大屏(宽度大于等于 992 像素)设备中显示，效果如图 14-1、图 14-2 所示。

在小屏设备(宽度小于 768 像素)上时，将显示底边栏导航，效果如图 14-3 所示。

图 14-1　大屏显示首页上半部分效果

图 14-2　大屏显示首页下半部分效果

图 14-3　小屏显示首页效果

14.1.3　设计准备

应用 Bootstrap 框架的页面建议采用 HTML5 文档类型。同时在页面头部区域导入框架的基本样式文件、脚本文件、jQuery 文件、自定义的 CSS 样式及 JavaScript 文件。本项目的配置文件中的代码如下：

```
<!DOCTYPE html>
<html>
<head>
    <meta charset="UTF-8">
    <title>Title</title>
    <meta name="viewport" content="width=device-width,initial-scale=1,
shrink-to-fit=no">
    <link rel="stylesheet" href="bootstrap-4.5.3-dist/css/bootstrap.css">
    <script src="jquery.slim.js"></script>
    <script src="https://cdn.staticfile.org/popper.js/1.14.6/umd/
popper.js"></script>
    <script src="bootstrap-4.5.3-dist/js/bootstrap.min.js"></script>
    <!--css 文件-->
    <link rel="stylesheet" href="style.css">
    <!--js 文件-->
    <script src="js/index.js"></script>
    <!--字体图标文件-->
    <link rel="stylesheet" href="font-awesome-4.7.0/css/font-
awesome.css">
</head>
<body></body>
</html>
```

14.2 设计首页布局

本案例首页分为三个部分：左侧可切换导航、右侧主体内容和底部隐藏导航栏，如图 14-4 所示。

图 14-4 首页布局效果

左侧可切换导航和右侧主体内容使用 Bootstrap 框架的网格系统进行设计，在大屏设备(宽度大于等于 992 像素)中，左侧可切换导航占网格系统的 3 份，右侧主体内容占 9 份；在中、小屏设备(宽度小于 992 像素)中左侧可切换导航和右侧主体内容各占一行。

底部隐藏导航栏使用无序列表进行设计，添加了 d-block d-sm-none 类，只在小屏设备上显示。

```
<div class="row">
    <!--左侧导航-->
    <div class="col-12 col-lg-3 left "></div>
```

```
    <!--右侧主体内容-->
    <div class="col-12 col-lg-9 right"></div>
</div>
<!--隐藏导航栏-->
<div >
    <ul>
        <li><a href="index.html"></a></li>
    </ul>
</div>
```

添加一些自定义样式来调整页面布局，代码如下：

```
@media (max-width: 992px){
    /*在小屏设备中，设置外边距，上下外边距为1rem，左右为0*/
    .left{
        margin:1rem 0;
    }
}
@media (min-width: 992px){
    /*在大屏设备中，左侧导航设置固定定位，右侧主体内容设置左边外边距25%*/
    .left {
        position: fixed;
        top: 0;
        left: 0;
    }
    .right{
        margin-left:25%;
    }
}
```

14.3　设计可切换导航

本案例左侧导航设计很复杂，在不同宽度的设备上有不同的显示效果。

设计步骤如下。

`01` 设计切换导航的布局。可切换导航使用网格系统进行设计，在大屏(宽度大于等于 992 像素)设备上占网格系统的 3 份，如图 14-5 所示；在中、小屏(宽度小于 992 像素)设备上占满整行，如图 14-6 所示。

图 14-5　大屏设备布局效果

图 14-6　中、小屏设备布局效果

```
<div class="col -12 col-lg-3"></div>
```

02 设计导航展示内容。导航展示内容包括导航条和登录注册按钮两部分。导航条用网格系统布局，嵌套 Bootstrap 导航组件进行设计，使用<ul class="nav">定义；登录注册按钮使用 Bootstrap 的按钮组件进行设计，使用<a href="#" class="btn">定义。设计在小屏上隐藏登录注册按钮，如图 14-7 所示，包裹在<div class="d-none d-sm-block">容器中。

图 14-7　小屏设备上隐藏登录注册按钮

导航展示内容的具体代码如下：

```
<div class="col-sm-12 col-lg-3 left ">
<div id="template1">
<div class="row">
   <div class="col-10">
      <!--导航条-->
      <ul class="nav">
         <li class="nav-item">
            <a class="nav-link active" href="index.html">
               <img width="40" src="images/logo.png" alt="" class=
"rounded-circle">
            </a>
         </li>
         <li class="nav-item mt-1">
            <a class="nav-link" href="javascript:void(0);">账户</a>
         </li>
         <li class="nav-item mt-1">
            <a class="nav-link" href="javascript:void(0);">菜单</a>
         </li>
      </ul>
   </div>
   <div class="col-2 mt-2 font-menu text-right">
      <a id="a1" href="javascript:void(0); "><i class="fa fa-bars"></i></a>
   </div>
</div>
<div class="margin1">
   <h5 class="ml-3 my-3 d-none d-sm-block text-lg-center">
      <b>心情惬意，来杯咖啡吧</b>  <i class="fa fa-coffee"></i>
   </h5>
   <div class="ml-3 my-3 d-none d-sm-block text-lg-center">
      <a href="#" class="card-link btn  rounded-pill text-success">
```

```
<i class="fa fa-user-circle"></i> 登 录</a>
        <a href="#" class="card-link btn btn-outline-success rounded-pill
text-success">注 册</a>
    </div>
</div>
</div>
```

03 设计隐藏导航内容。隐藏导航内容包含在 id 为#template2 的容器中，在默认情况下是隐藏的，使用 Bootstrap 的隐藏样式 d-none 来设置。内容包括导航条、菜单栏和登录注册按钮。

导航条用网格系统布局，嵌套 Bootstrap 导航组件进行设计，使用<ul class="nav">定义。菜单栏使用 h6 标签和超链接进行设计，使用<h6><a href="a.html">定义。登录注册按钮使用按钮组件进行设计，使用<a href="#" class="btn">定义。代码如下：

```
<div class="col-sm-12 col-lg-3 left ">
<div id="template2" class="d-none">
    <div class="row">
    <div class="col-10">
        <ul class="nav">
                    <li class="nav-item">
                        <a class="nav-link active" href="index.html">
                            <img width="40" src="images/logo.png" alt=""
class="rounded-circle">
                        </a>
                    </li>
                    <li class="nav-item">
                        <a class="nav-link mt-2" href="index.html">
                            咖啡俱乐部
                        </a>
                    </li>
                </ul>
            </div>
            <div class="col-2 mt-2 font-menu text-right">
                <a id="a2" href="javascript:void(0);"><i class="fa fa-
times"></i></a>
            </div>
        </div>
        <div class="margin2">
            <div class="ml-5 mt-5">
                <h6><a href="a.html">门店</a></h6>
                <h6><a href="b.html">俱乐部</a></h6>
                <h6><a href="c.html">菜单</a></h6>
                <hr/>
                <h6><a href="d.html">移动应用</a></h6>
                <h6><a href="e.html">臻选精品</a></h6>
                <h6><a href="f.html">专星送</a></h6>
                <h6><a href="g.html">咖啡讲堂</a></h6>
                <h6><a href="h.html">烘焙工厂</a></h6>
                <h6><a href="i.html">帮助中心</a></h6>
                <hr/>
                <a href="#" class="card-link btn rounded-pill text-
```

```
success pl-0"><i class="fa fa-user-circle"></i> 登 录</a>
                <a href="#" class="card-link btn btn-outline-success
rounded-pill text-success">注 册</a>
        </div>
    </div>
</div>
</div>
```

04 设计自定义样式，使页面更加美观。

```
.left{
    border-right: 2px solid #eeeeee;
}
.left a{
    font-weight: bold;
    color: #000;
}
@media (min-width: 992px){
    /*使用媒体查询定义导航的高度，当屏幕宽度大于 992px 时，导航高度为100vh*/
    .left{
        height:100vh;
    }
}
@media (max-width: 992px){
    /*使用媒体查询定义字体大小*/
    /*当屏幕尺寸小于 768px 时，页面的根字体大小为14px*/
    .left{
        margin:1rem 0;
    }
}
@media (min-width: 992px){
    /*当屏幕尺寸大于 768px 时，页面的根字体大小为15px*/
    .left {
        position: fixed;
        top: 0;
        left: 0;
    }
     .margin1{
        margin-top:40vh;
    }
}
.margin2 h6{
    margin: 20px 0;
    font-weight:bold;
}
```

05 添加交互行为。在可切换导航中，为<i class="fa fa-bars">图标和<i class="fa fa-times">图标添加单击事件。在大屏设备中，为了使页面更友好，设计在大屏设备上切换导航时，显示右侧主体内容，当单击<i class="fa fa-bars">图标时，如图 14-8 所示，切换隐藏的导航内容；在隐藏的导航内容中，单击<i class="fa fa-times">图标时，如图 14-9 所示，可切回导航展示内容。在中、小屏设备(宽度小于 992 像素)上，隐藏右侧主体内容，单击<i class="fa fa-bars">图标时，如图 14-10、14-12 所示，切换隐藏的导航内容；在隐藏的导航内容中，单击<i class="fa fa-times">图标时，如图 14-11、14-13 所示，可切回导航展示内容。

实现导航展示内容和隐藏内容交互行为的脚本代码如下：

```
$(function(){
    $("#a1").click(function () {
        $("#template1").addClass("d-none");
        $(".right").addClass("d-none d-lg-block");
        $("#template2").removeClass("d-none");
    })
    $("#a2").click(function () {
        $("#template2").addClass("d-none");
        $(".right").removeClass("d-none");
        $("#template1").removeClass("d-none");
    })
})
```

　　　其中 d-none 和 d-lg-block 类是 Bootstrap 框架中的样式。Bootstrap 框架中的样式，在 JavaScript 脚本中可以直接调用。

图 14-8　大屏设备切换隐藏的导航内容

图 14-9　大屏设备切回导航展示的内容

图 14-10 中屏设备切换隐藏的导航内容

图 14-11 中屏设备切回导航展示的内容

图 14-12 小屏设备切换隐藏的导航内容

图 14-13 小屏设备切回导航展示的内容

14.4 主 体 内 容

要使页面排版具有可读性，可理解性、清晰明了至关重要，好的排版可以让网站给人以清爽的感觉，令人眼前一亮。排版是为了更好地呈现内容，应以不会增加用户认知负荷的方式来安排内容。

本案例主体内容包括轮播广告、产品推荐区、Logo 展示、特色展示区和产品生产流程5 个部分，页面排版如图 14-14 所示。

图 14-14　主体内容排版设计

14.4.1　设计轮播广告区

Bootstrap 轮播插件的结构比较固定，轮播包含框需要指明 ID 值和 carousel、slide 类。框内包含三部分组件：标签框(carousel-indicators)、图文内容框(carousel-inner)和左右导航按钮(carousel-control-prev、carousel-control-next)。通过 data-target="#carousel"属性启动轮播，使用 data-slide-to="0"、data-slide ="pre"、data-slide ="next"定义交互按钮的行为。完整的代码如下：

```
<div id="carousel" class="carousel slide">
  <!—标签框-->
  <ol class="carousel-indicators">
    <li data-target="#carousel" data-slide-to="0" class="active"></li>
  </ol>
  <!—图文内容框-->
  <div class="carousel-inner">
    <div class="carousel-item active">
      <img src="images " class="d-block w-100" alt="...">
      <!—文本说明框-->
      <div class="carousel-caption d-none d-sm-block">
        <h5> </h5>
        <p> </p>
      </div>
    </div>
  </div>
  <!—左右导航按钮-->
  <a class="carousel-control-prev" href="#carousel" data-slide="prev">
    <span class="carousel-control-prev-icon"></span>
  </a>
  <a class="carousel-control-next" href="#carousel" data-slide="next">
    <span class="carousel-control-next-icon"></span>
  </a>
</div>
```

设计本案例轮播广告位结构。代码如下：

```
<div class="col-sm-12 col-lg-9 right p-0 clearfix">
    <div id="carouselExampleControls" class="carousel slide" data-
ride="carousel">
        <div class="carousel-inner max-h">
            <div class="carousel-item active">
                <img src="images/001.jpg" class="d-block w-100" alt="...">
            </div>
            <div class="carousel-item">
                <img src="images/002.jpg" class="d-block w-100" alt="...">
            </div>
            <div class="carousel-item">
                <img src="images/003.jpg" class="d-block w-100" alt="...">
            </div>
        </div>
        <a class="carousel-control-prev"
href="#carouselExampleControls" data-slide="prev">
            <span class="carousel-control-prev-icon"></span>
        </a>
        <a class="carousel-control-next"
href="#carouselExampleControls" data-slide="next">
            <span class="carousel-control-next-icon" ></span>
        </a>
    </div>
</div>
```

为了避免轮播中的图片过大而影响整体页面，这里为轮播区设置一个最大高度.max-h
类。

```
.max-h{
    max-height:300px;                    /*居中对齐*/
}
```

在 IE 浏览器中运行，轮播效果如图 14-15 所示。

图 14-15　轮播效果

14.4.2　设计产品推荐区

产品推荐区使用 Bootstrap 中的卡片组件进行设计。卡片组件有三种排版方式，分别为卡片组、卡片阵列和多列卡片浮动排版。本案例使用多列卡片浮动排版。多列卡片浮动排版使用<div class="card-columns">进行定义。

```
<div class="p-4 list">
<h5 class="text-center my-3">咖啡推荐</h5>
<h5 class="text-center mb-4 text-secondary">
<small>在购物旗舰店可以发现更多咖啡心意</small>
</h5>
<!—多列卡片浮动排版-->
<div class="card-columns">
<div class="my-4 my-sm-0">
<img class="card-img-top" src="images/006.jpg" alt="">
</div>
<div class="my-4 my-sm-0">
<img class="card-img-top" src="images/004.jpg" alt="">
</div>
<div class="my-4 my-sm-0">
<img class="card-img-top" src="images/005.jpg" alt="">
</div>
</div>
</div>
```

为推荐区添加自定义样式，包括颜色和圆角效果。代码如下：

```
.list{
    background: #eeeeee;                   /*定义背景颜色*/
}
.list-border{
    border: 2px solid #DBDBDB;             /*定义边框*/
    border-top:1px solid #DBDBDB ;         /*定义顶部边框*/
}
```

在浏览器中运行网页，产品推荐区如图 14-16 所示。

图 14-16　产品推荐区效果

14.4.3　设计登录注册按钮和 Logo

登录注册按钮和 Logo 使用网格系统布局，并添加响应式设计。在中、大屏(宽度大于等于 768 像素)设备中，左侧是登录注册按钮，右侧是公司 Logo，如图 14-17 所示；在小屏(宽度小于 768 像素)设备中，登录注册按钮和Logo 将各占一行显示，如图 14-18 所示。

图 14-17　中、大屏设备显示效果

图 14-18　小屏设备显示效果

对于左侧的登录注册按钮，使用卡片组件进行设计，并且添加了响应式的对齐方式 text-center 和 text-sm-left。在小屏(宽度小于 768 像素)设备中，内容居中对齐；在中、大屏(宽度大于等于 768 像素)设备中，内容居左对齐。代码如下：

```
<div class="row py-5">
    <div class="col-12 col-sm-6 pt-2">
    <div class="card border-0 text-center text-sm-left">
    <div class="card-body ml-5">
    <h4 class="card-title">咖啡俱乐部</h4>
    <p class="card-text">开启您的星享之旅，星星越多、会员等级越高、好礼越丰富。</p>
    <a href="#" class="card-link btn btn-outline-success">注册</a>
    <a href="#" class="card-link btn btn-outline-success">登录</a>
    </div>
    </div>
    </div>
    <div class="col-12 col-sm-6 text-center mt-5">
    <a href=""><img src="images/007.png" alt="" class="img-fluid"></a>
    </div>
</div>
```

14.4.4　设计特色展示区

特色展示内容使用网格系统进行设计，并添加响应类。在中、大屏(宽度大于等于 768 像素)设备上显示为一行四列，如图 14-19 所示；在小屏(宽度小于 768 像素)设备上显示为一行两列，如图 14-20 所示；在超小屏(宽度小于 576 像素)设备上显示为一行一列，如图 14-21 所示。

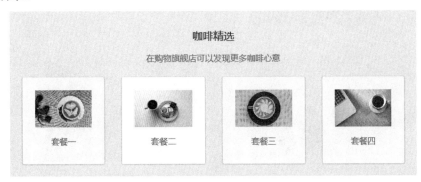

图 14-19　中、大屏设备的显示效果

图 14-20　小屏设备的显示效果

图 14-21   超小屏设备的显示效果

特色展示区实现代码如下:

```
<div class="p-4 list">
<h5 class="text-center my-3">咖啡精选</h5>
<h5 class="text-center mb-4 text-secondary">
<small>在购物旗舰店可以发现更多咖啡心意</small>
</h5>
<div class="row">
   <div class="col-12 col-sm-6 col-md-3 mb-3 mb-md-0">
   <div class="bg-light p-4 list-border rounded">
     <img class="img-fluid" src="images/008.jpg" alt="">
     <h6 class="text-secondary text-center mt-3">套餐一</h6>
   </div>
   </div>
   <div class="col-12 col-sm-6 col-md-3 mb-3 mb-md-0">
     <div class="bg-white p-4 list-border rounded">
     <img class="img-fluid" src="images/009.jpg" alt="">
     <h6 class="text-secondary text-center mt-3">套餐二</h6>
     </div>
   </div>
   <div class="col-12 col-sm-6 col-md-3 mb-3 mb-md-0">
   <div class="bg-light p-4 list-border rounded">
   <img class="img-fluid" src="images/010.jpg" alt="">
   <h6 class="text-secondary text-center mt-3">套餐三</h6>
   </div>
   </div>
   <div class="col-12 col-sm-6 col-md-3 mb-3 mb-md-0">
     <div class="bg-light p-4 list-border rounded">
       <img class="img-fluid" src="images/011.jpg" alt="">
```

```
        <h6 class="text-secondary text-center mt-3">套餐四</h6>
      </div>
    </div>
    </div>
</div>
```

14.4.5　设计产品生产流程区

设计步骤如下。

01 设计结构。产品制作区主要由标题和图片展示组成。标题使用<h>标记设计，图片展示使用<ul>标记设计。在图片展示部分还添加了左右两个箭头，使用 font-awesome 库中的图标进行设计。代码如下：

```
<div class="p-4">
        <h5 class="text-center my-3">咖啡讲堂</h5>
        <h5 class="text-center mb-4 text-secondary"><small>了解更多咖啡文
化</small></h5>
        <div class="box">
          <ul id="ulList" class="clearfix">
            <li class="list-border rounded">
                <img src="images/015.jpg" alt="" width="300">
                <h6 class="text-center mt-3">咖啡种植</h6>
            </li>
            <li class="list-border rounded">
                <img src="images/014.jpg" alt="" width="300">
                <h6 class="text-center mt-3">咖啡调制</h6>
            </li>
            <li class="list-border rounded">
                <img src="images/014.jpg" alt="" width="300">
                <h6 class="text-center mt-3">咖啡烘焙</h6>
            </li>
            <li class="list-border rounded">
                <img src="images/012.jpg" alt="" width="300">
                <h6 class="text-center mt-3">手冲咖啡</h6>
            </li>
          </ul>
          <div id="left">
            <i class="fa fa-chevron-circle-left fa-2x text-
success"></i>
          </div>
          <div id="right">
            <i class="fa fa-chevron-circle-right fa-2x text-
success"></i>
          </div>
        </div>
    </div>
```

02 设计自定义样式。代码如下：

```
.box{
    width:100%;              /*定义宽度*/
    height: 300px;          /*定义高度*/
    overflow: hidden;       /*超出隐藏*/
```

```
    position: relative;        /*相对定位*/
}
#ulList{
    list-style: none;          /*去掉无序列表的项目符号*/
    width:1400px;              /*定义宽度*/
    position: absolute;        /*定义绝对定位*/
}
#ulList li{
    float: left;               /*定义左浮动*/
    margin-left: 15px;         /*定义左边外边距*/
    z-index: 1;                /*定义堆叠顺序*/
}
#left{
    position:absolute;         /*定义绝对定位*/
    left:20px;top: 30%;        /*距离左侧和顶部的距离*/
    z-index: 10;               /*定义堆叠顺序*/
    cursor:pointer;            /*定义鼠标指针显示形状*/
}
#right{
    position:absolute;         /*定义绝对定位*/
    right:20px; top: 30%;      /*距离右侧和顶部的距离*/
    z-index: 10;               /*定义堆叠顺序*/
    cursor:pointer;            /*定义鼠标指针显示形状*/
}
.font-menu{
    font-size: 1.3rem;         /*定义字体大小*/
}
```

03 添加用户行为。代码如下：

```
<script src="jquery-1.8.3.min.js"></script>
<script>
    $(function(){
        var nowIndex=0;                              //定义变量 nowIndex
        var liNumber=$("#ulList li").length;         //计算 li 的个数
        function change(index){
            var ulMove=index*300;                    //定义移动距离
            //定义动画,动画时间为 0.5 秒
            $("#ulList").animate({left:"-"+ulMove+"px"},500);
        }
        $("#left").click(function(){
            //使用三元运算符判断 nowIndex
            nowIndex = (nowIndex > 0) ? (--nowIndex) :0;
            change(nowIndex);                        //调用 change()方法
        })
        $("#right").click(function(){
        //使用三元运算符判断 nowIndex
        nowIndex=(nowIndex<liNumber-1) ? (++nowIndex) :(liNumber-1);
            change(nowIndex);                        //调用 change()方法
        });
    })
</script>
```

在 IE 浏览器中运行，效果如图 14-22 所示；单击右侧箭头，效果如图 14-23 所示。

图 14-22 生产流程页面的效果

图 14-23 滚动后的效果

14.5 设计底部隐藏导航

设计步骤如下。

01 设计底部隐藏导航布局。首先定义一个容器<div id="footer">，用来包裹导航。在该容器上添加一些 Bootstrap 通用样式，使用 fixed-bottom 固定在页面底部，使用 bg-light 设置高亮背景，使用 border-top 设置上边框，使用 d-block 和 d-sm-none 设置导航只在小屏幕上显示。代码如下：

```
<!--footer——在 sm 型设备尺寸下显示-->
<div class="row fixed-bottom d-block d-sm-none bg-light border-top py-1"
id="footer" >
 <ul class="text-center p-0" id="myTab">
    <li><a class="ab" href="index.html"><i class="fa fa-home fa-2x p-
1"></i><br/>主页</a></li>
    <li><a href="javascript:void(0);"><i class="fa fa-calendar-minus-o
fa-2x p-1"></i><br/>门店</a></li>
    <li><a href="javascript:void(0);"><i class="fa fa-user-circle-o fa-
2x p-1"></i><br/>我的账户</a></li>
    <li><a href="javascript:void(0);"><i class="fa fa-bitbucket-square
fa-2x p-1"></i><br/>菜单</a></li>
    <li><a href="javascript:void(0);"><i class="fa fa-table fa-2x p-
```

```
1"></i><br/>更多</a></li>
    </ul>
</div>
```

02 设计字体颜色以及每个导航元素的宽度。代码如下：

```
.ab{
    color:#00A862!important;              /*定义字体颜色*/
}
#myTab li{
    width: 20vw;                          /*定义宽度*/
    min-width: 30px;                      /*定义最小宽度*/
    font-size: 0.8rem;                    /*定义字体大小*/
    color: #919191;                       /*定义字体颜色*/
}
```

03 为导航元素添加单击事件，被单击元素添加.ab 类，其他元素则删除.ab 类。代码如下：

```
$(function(){
    $("#footer ul li").click(function(){
        $(this).find("a").addClass("ab");
        $(this).siblings().find("a").removeClass("ab");
    })
})
```

在 IE 浏览器中运行，底部隐藏导航效果如图 14-24 所示；单击"门店"，将切换到"门店"页面。

图 14-24　底部隐藏导航效果

第15章

综合项目 4——开发网上商城网站

在物流与电子商务高速发展的今天，越来越多的商家将传统的销售渠道转向网络营销，为此，大型 B2C(商家对顾客)模式的电子商务网站也越来越多。本章就来介绍如何开发一个网上商城购物网站。

15.1 系统分析

计算机技术、网络通信技术和多媒体技术的飞速发展对人们的生产和生活方式产生了很大的影响，随着网上购物以及快递物流行业的不断成熟，相信很多人都愿意通过网络购物。

15.2 系统设计

下面就来制作一个购物网站，包括网站首页、女装、男装、童装、品牌故事等页面。

15.2.1 系统功能结构

本章制作的购物网站的系统功能结构如图 15-1 所示。

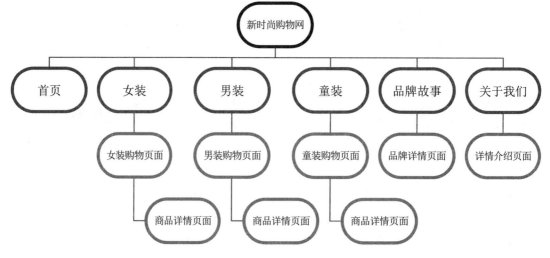

图 15-1 购物网站的系统功能结构

15.2.2 文件夹组织结构

购物网站的文件夹组织结构如图 15-2 所示。

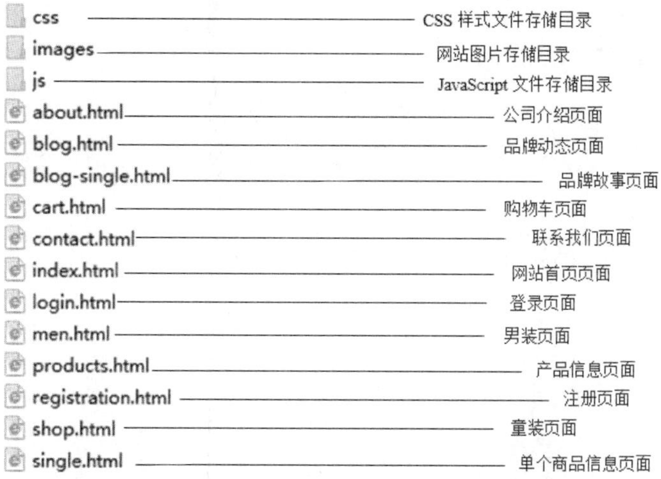

css	————————————————————	CSS 样式文件存储目录
images	————————————————————	网站图片存储目录
js	————————————————————	JavaScript 文件存储目录
about.html	————————————————————	公司介绍页面
blog.html	————————————————————	品牌动态页面
blog-single.html	————————————————————	品牌故事页面
cart.html	————————————————————	购物车页面
contact.html	————————————————————	联系我们页面
index.html	————————————————————	网站首页页面
login.html	————————————————————	登录页面
men.html	————————————————————	男装页面
products.html	————————————————————	产品信息页面
registration.html	————————————————————	注册页面
shop.html	————————————————————	童装页面
single.html	————————————————————	单个商品信息页面

图 15-2　购物网站的文件夹组织结构

由上述结构可以看出，本项目是基于 HTML5、CSS3、JavaScript 的案例程序，案例主要通过 HTML5 确定框架、CSS3 确定样式、JavaScript 来完成调度，三者合作来实现网页的动态化，案例所用的图片全部保存在 images 文件夹中。

15.3　网　页　预　览

本案例在设计购物网站时，应用了 CSS 样式、<div>标记、JavaScript 和 jQuery 技术，从而制作了一个功能齐全、页面优美的购物网页，下面就来预览网页效果。

15.3.1　网站首页效果

购物网站的首页用于展示最新上架的商品信息，还包括网站的导航菜单、购物车功能、登录功能等。首页页面的运行效果如图 15-3 所示。

图 15-3　购物网站首页

15.3.2　关于我们效果

"关于我们"介绍页面主要内容包括本网站的介绍，以及本购物网站的一些品牌介绍，页面运行效果如图 15-4 所示。

新时尚购物网在很大程度上改变了传统的生产方式，也改变了人们的生活消费方式。不跟风盲大头、素尚时尚和个性、开放慎于交流的心态以及理性的思维，成为新时尚购物网上崛起的"新一代"的重要特征。新时尚购物网多样化的消费体验，让新一代乐在其中：团设计、玩定制、赶时髦、爱传统。

知名品牌

爱居兔EICHITOO

EICHITOO服饰从都市生活与时尚潮流中发现灵感，精致的格调透蓝出色的质感，时尚有型的设计散发摩登都市气质，在穿着中展现自信与优雅的魅力。

朵以DUOYI

朵以时尚服饰针对18-35岁年轻女性，迎合当今女性崇尚自然的潮流，将国际风的流行妙搭结合，为众多年轻女性演绎一个五彩缤纷、清纯脱俗的服饰世界。

波司登羽绒服

波司登羽绒服是知名品牌，连续10多年销量遥遥领先，为消费者带来亲人服的温暖。品牌设计理念促进羽绒服从臃肿向休闲化、时装化的变革，引领时尚潮流。

balabala巴拉巴拉童装

巴拉巴拉主张"童年不同样"的品牌理念，为孩子们提供既时尚又实用的儿童服饰产品，适用于不同的场合和活动，让孩子们享受美好自在的童年。

图 15-4　"关于我们"介绍页面

当单击某个知名品牌后，会进入下一级品牌故事页面，在此页面中可以查看该品牌的一些介绍信息，页面运行效果如图 15-5 所示。

图 15-5　品牌故事页面

15.3.3　商品展示效果

单击首页的导航菜单，可以进入商品展示页面，分为女装、男装、童装页面。页面运行效果如图 15-6 至图 15-8 所示。

图 15-6 女装购买页面

图 15-7 男装购买页面

图 15-8 童装购买页面

15.3.4　商品详情效果

在女装、男装或童装购买页面中，单击某个商品，就会进入该商品的详情介绍页面，这里包括商品名称、价格、数量以及添加到购物车等内容，页面运行效果如图 15-9 所示。

图 15-9　商品详情页面

15.3.5　购物车效果

在首页中单击购物车，即可进入购物车功能页面，在其中可以查看当前购物车的信息、订单详情等内容，页面运行效果如图 15-10 所示。

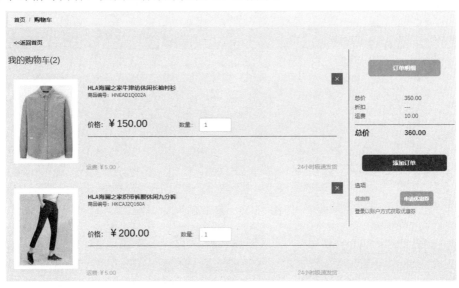

图 15-10　购物车功能页面

15.3.6 品牌故事效果

在首页中单击品牌故事导航菜单，就可以进入品牌动态页面，包括具体的动态内容、品牌分类、知名品牌等，页面运行效果如图 15-11 所示。

图 15-11 品牌动态页面

15.3.7 用户登录效果

在首页中单击"登录"按钮，即可进入登录页面，在其中输入用户名与密码，即可以用户会员的身份登录购物网站，页面运行效果如图 15-12 所示。

图 15-12 登录页面

15.3.8 用户注册效果

如果在登录页面中单击"创建一个账户"按钮，就可以进入用户注册页面，页面运行效果如图 15-13 所示。

注册新账户

欢迎注册，请输入以下信息以继续。
如果您之前已经在我们这里注册，请单击此处。

姓名：

密码：

重新输入密码：

电子邮件：

手机号码：

现在注册

点击该按钮，您就同意了本网站的协议和条款。

注册成为会员后，您可以：

• 随意购买与本网站合作的各类品牌商品，轻松管理订单
• 查询、计划、管理您的预订信息
• 享受优质超低价格团购服务

本网站的主要功能如下：

• 实现网上购物所必须的功能
• 保障交易安全所必须的功能
• 交付产品与/或服务功能

图 15-13　注册页面

15.4　项目代码实现

下面来介绍购物网站各个页面的实现过程及相关代码。

15.4.1　首页页面代码

在网站首页中，一般会存在导航菜单，通过这个导航菜单实现在不同页面之间的跳转。导航菜单的运行结果如图 15-14 所示。

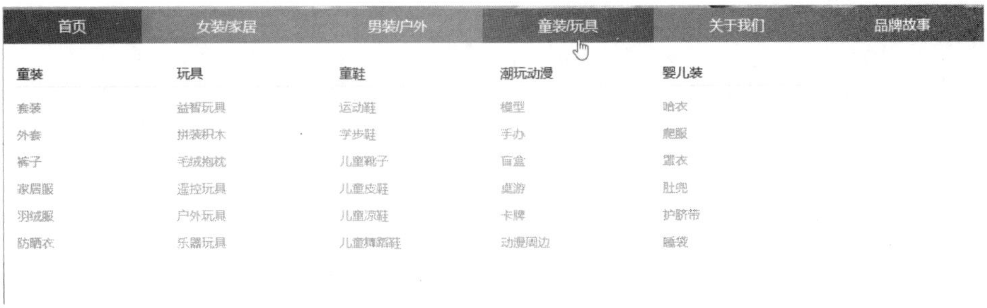

首页	女装/家居	男装/户外	童装/玩具	关于我们	品牌故事

童装	玩具	童鞋	潮玩动漫	婴儿装
套装	益智玩具	运动鞋	模型	哈衣
外套	拼装积木	学步鞋	手办	爬服
裤子	毛绒抱枕	儿童靴子	盲盒	罩衣
家居服	遥控玩具	儿童皮鞋	桌游	肚兜
羽绒服	户外玩具	儿童凉鞋	卡牌	护脐带
防晒衣	乐器玩具	儿童拖鞋鞋	动漫周边	睡袋

图 15-14　网站导航菜单

实现导航菜单的 HTML 代码如下：

```
<ul class="megamenu skyblue">
  <li class="active grid"><a class="color1" href="index.html">首页</a></li>
  <li class="grid"><a href="#">女装/家居</a>
    <div class="megapanel">
      <div class="row">
<div class="col1">
  <div class="h_nav">
    <h4>上装</h4>
    <ul>
      <li><a href="products.html">卫衣</a></li>
```

```
        <li><a href="products.html">衬衫</a></li>
        <li><a href="products.html">T 恤</a></li>
        <li><a href="products.html">毛衣</a></li>
        <li><a href="products.html">马甲</a></li>
        <li><a href="products.html">雪纺衫</a></li>
      </ul>
    </div>
  </div>
  <div class="col1">
    <div class="h_nav">
      <h4>外套</h4>
      <ul>
        <li><a href="products.html">短外套</a></li>
        <li><a href="products.html">女式风衣</a></li>
        <li><a href="products.html">毛呢大衣</a></li>
        <li><a href="products.html">女式西装</a></li>
        <li><a href="products.html">羽绒服</a></li>
        <li><a href="products.html">皮草</a></li>
      </ul>
    </div>
  </div>
  <div class="col1">
    <div class="h_nav">
      <h4>女裤</h4>
      <ul>
        <li><a href="products.html">休闲裤</a></li>
        <li><a href="products.html">牛仔裤</a></li>
        <li><a href="products.html">打底裤</a></li>
        <li><a href="products.html">羽绒裤</a></li>
        <li><a href="products.html">七分裤</a></li>
        <li><a href="products.html">九分裤</a></li>
      </ul>
    </div>
  </div>
  <div class="col1">
    <div class="h_nav">
      <h4>裙装</h4>
      <ul>
        <li><a href="products.html">连衣裙</a></li>
        <li><a href="products.html">半身裙</a></li>
        <li><a href="products.html">旗袍</a></li>
        <li><a href="products.html">无袖裙</a></li>
        <li><a href="products.html">长袖裙</a></li>
        <li><a href="products.html">职业裙</a></li>
      </ul>
    </div>
  </div>
  <div class="col1">
    <div class="h_nav">
      <h4>家居</h4>
      <ul>
        <li><a href="products.html">保暖内衣</a></li>
        <li><a href="products.html">睡袍</a></li>
```

```html
        <li><a href="products.html">家居服</a></li>
        <li><a href="products.html">袜子</a></li>
        <li><a href="products.html">手套</a></li>
        <li><a href="products.html">围巾</a></li>
      </ul>
    </div>
</div>
      </div>
      <div class="row">
<div class="col2"></div>
<div class="col1"></div>
<div class="col1"></div>
<div class="col1"></div>
<div class="col1"></div>
      </div>
</div>
    </li>
    <li><a href="#">男装/户外</a><div class="megapanel">
      <div class="row">
<div class="col1">
  <div class="h_nav">
    <h4>上装</h4>
    <ul>
        <li><a href="men.html">短外套</a></li>
        <li><a href="men.html">卫衣</a></li>
        <li><a href="men.html">衬衫</a></li>
        <li><a href="men.html">风衣</a></li>
        <li><a href="men.html">夹克</a></li>
        <li><a href="men.html">毛衣</a></li>
    </ul>
  </div>
</div>
<div class="col1">
  <div class="h_nav">
    <h4>裤子</h4>
    <ul>
        <li><a href="men.html">休闲长裤</a></li>
        <li><a href="men.html">牛仔长裤</a></li>
        <li><a href="men.html">工装裤</a></li>
        <li><a href="men.html">休闲短裤</a></li>
        <li><a href="men.html">牛仔短裤</a></li>
        <li><a href="men.html">防水皮裤</a></li>
    </ul>
  </div>
</div>
<div class="col1">
  <div class="h_nav">
    <h4>特色套装</h4>
    <ul>
        <li><a href="men.html">运动套装</a></li>
        <li><a href="men.html">时尚套装</a></li>
        <li><a href="men.html">工装制服</a></li>
        <li><a href="men.html">民风汉服</a></li>
        <li><a href="men.html">老年套装</a></li>
```

```
        <li><a href="men.html">大码套装</a></li>
      </ul>
    </div>
  </div>
  <div class="col1">
    <div class="h_nav">
      <h4>运动穿搭</h4>
      <ul>
        <li><a href="men.html">休闲鞋</a></li>
        <li><a href="men.html">跑步鞋</a></li>
        <li><a href="men.html">篮球鞋</a></li>
        <li><a href="men.html">运动夹克</a></li>
        <li><a href="men.html">运行长裤</a></li>
        <li><a href="men.html">运动卫衣</a></li>
      </ul>
    </div>
  </div>
  <div class="col1">
    <div class="h_nav">
      <h4>正装套装</h4>
      <ul>
        <li><a href="men.html">西服</a></li>
        <li><a href="men.html">西裤</a></li>
        <li><a href="men.html">西服套装</a></li>
        <li><a href="men.html">商务套装</a></li>
        <li><a href="men.html">休闲套装</a></li>
        <li><a href="men.html">新郎套装</a></li>
      </ul>
    </div>
  </div>
      </div>
      <div class="row">
<div class="col2"></div>
<div class="col1"></div>
<div class="col1"></div>
<div class="col1"></div>
<div class="col1"></div>
      </div>
</div>
    </li>
    <li><a href="#">童装/玩具</a>
    <div class="megapanel">
      <div class="row">
<div class="col1">
  <div class="h_nav">
    <h4>童装</h4>
    <ul>
      <li><a href="shop.html">套装</a></li>
      <li><a href="shop.html">外套</a></li>
      <li><a href="shop.html">裤子</a></li>
      <li><a href="shop.html">家居服</a></li>
      <li><a href="shop.html">羽绒服</a></li>
      <li><a href="shop.html">防晒衣</a></li>
    </ul>
```

```html
      </div>
    </div>
    <div class="col1">
      <div class="h_nav">
        <h4>玩具</h4>
        <ul>
          <li><a href="shop.html">益智玩具</a></li>
          <li><a href="shop.html">拼装积木</a></li>
          <li><a href="shop.html">毛绒抱枕</a></li>
          <li><a href="shop.html">遥控玩具</a></li>
          <li><a href="shop.html">户外玩具</a></li>
          <li><a href="shop.html">乐器玩具</a></li>
        </ul>
      </div>
    </div>
    <div class="col1">
      <div class="h_nav">
        <h4>童鞋</h4>
        <ul>
          <li><a href="shop.html">运动鞋</a></li>
          <li><a href="shop.html">学步鞋</a></li>
          <li><a href="shop.html">儿童靴子</a></li>
          <li><a href="shop.html">儿童皮鞋</a></li>
          <li><a href="shop.html">儿童凉鞋</a></li>
          <li><a href="shop.html">儿童舞蹈鞋</a></li>
        </ul>
      </div>
    </div>
    <div class="col1">
      <div class="h_nav">
        <h4>潮玩动漫</h4>
        <ul>
          <li><a href="shop.html">模型</a></li>
          <li><a href="shop.html">手办</a></li>
          <li><a href="shop.html">盲盒</a></li>
          <li><a href="shop.html">桌游</a></li>
          <li><a href="shop.html">卡牌</a></li>
          <li><a href="shop.html">动漫周边</a></li>
        </ul>
      </div>
    </div>
    <div class="col1">
      <div class="h_nav">
        <h4>婴儿装</h4>
        <ul>
          <li><a href="shop.html">哈衣</a></li>
          <li><a href="shop.html">爬服</a></li>
          <li><a href="shop.html">罩衣</a></li>
          <li><a href="shop.html">肚兜</a></li>
          <li><a href="shop.html">护脐带</a></li>
          <li><a href="shop.html">睡袋</a></li>
        </ul>
      </div>
```

```
        </div>
            </div>
            <div class="row">
    <div class="col2"></div>
    <div class="col1"></div>
    <div class="col1"></div>
    <div class="col1"></div>
    <div class="col1"></div>
            </div>
    </div>
        </li>
      <li class="grid"><a href="about.html">关于我们</a></li>
      <li class="grid"><a href="blog.html">品牌故事</a></li>
        </ul>
```

上述代码定义了一个<ul>标记，然后通过调用 CSS 样式表来控制<div>标记的样式，并在<div>标记中插入无序列表以实现导航菜单效果。

为实现导航菜单的动态页面，下面又调用了 megamenu.js 表，同时添加了 jQuery 相关代码。代码如下：

```
<link href="css/megamenu.css" rel="stylesheet" type="text/css"
media="all" />
<script type="text/javascript" src="js/megamenu.js"></script>
<script>$(document).ready(function(){$(".megamenu").megamenu();});</script>
```

在导航菜单下，是关于女装、男装、童装的产品详情页面，同时包括"立即抢购"与"加入购物车"两个按钮，代码如下：

```
<div class="features" id="features">
  <div class="container">
   <div class="tabs-box">
    <ul class="tabs-menu">
     <li><a href="#tab1">女装</a></li>
     <li><a href="#tab2">男装</a></li>
     <li><a href="#tab3">童装</a></li>
    </ul>
    <div class="clearfix"> </div>
    <div class="tab-grids">
     <div id="tab1" class="tab-grid1">
       <a href="single.html"><div class="product-grid">
   <div class="more-product-info"><span>NEW</span></div>
   <div class="product-img b-link-stripe b-animate-go  thickbox">
    <img src="images/bs1.jpg" class="img-responsive" alt=""/>
    <div class="b-wrapper">
    <h4 class="b-animate b-from-left  b-delay03">
    <button class="btns">立即抢购</button>
    </h4>
    </div>
   </div></a>
   <div class="product-info simpleCart_shelfItem">
    <div class="product-info-cust">
     <h4>长款连衣裙</h4>
     <span class="item_price">¥187</span>
     <input type="text" class="item_quantity" value="1" />
```

```html
        <input type="button" class="item_add" value="加入购物车">
    </div>
    <div class="clearfix"> </div>
 </div>
    </div>
<a href="single.html"><div class="product-grid">
 <div class="more-product-info"><span>NEW</span></div>
 <div class="more-product-info"></div>
 <div class="product-img b-link-stripe b-animate-go  thickbox">
    <img src="images/bs2.jpg" class="img-responsive" alt=""/>
    <div class="b-wrapper">
    <h4 class="b-animate b-from-left  b-delay03">
    <button class="btns">立即抢购</button>
    </h4>
    </div>
  </div>  </a>
  <div class="product-info simpleCart_shelfItem">
    <div class="product-info-cust">
     <h4>超短裙</h4>
     <span class="item_price">￥187.95</span>
     <input type="text" class="item_quantity" value="1" />
     <input type="button" class="item_add" value="加入购物车">
    </div>
    <div class="clearfix"> </div>
  </div>
</div>
<a href="single.html"><div class="product-grid">
 <div class="more-product-info"><span>NEW</span></div>
 <div class="more-product-info"></div>
 <div class="product-img b-link-stripe b-animate-go  thickbox">
    <img src="images/bs3.jpg" class="img-responsive" alt=""/>
    <div class="b-wrapper">
    <h4 class="b-animate b-from-left  b-delay03">
    <button class="btns">立即抢购</button>
    </h4>
    </div>
  </div>  </a>
  <div class="product-info simpleCart_shelfItem">
    <div class="product-info-cust">
     <h4>蕾丝半身裙</h4>
     <span class="item_price">￥154</span>
     <input type="text" class="item_quantity" value="1" />
     <input type="button" class="item_add" value="加入购物车">
    </div>
    <div class="clearfix"> </div>
  </div>
</div>
<a href="single.html"><div class="product-grid">
 <div class="more-product-info"><span>NEW</span></div>
 <div class="more-product-info"></div>
 <div class="product-img b-link-stripe b-animate-go  thickbox">
    <img src="images/bs4.jpg" class="img-responsive" alt=""/>
    <div class="b-wrapper">
    <h4 class="b-animate b-from-left  b-delay03">
    <button class="btns">立即抢购</button>
```

```
      </h4>
      </div>
    </div></a>
    <div class="product-info simpleCart_shelfItem">
      <div class="product-info-cust">
        <h4>学院风连衣裤</h4>
        <span class="item_price">¥150.95</span>
        <input type="text" class="item_quantity" value="1" />
        <input type="button" class="item_add" value="加入购物车">
      </div>
      <div class="clearfix"> </div>
    </div>
  </div>
  <a href="single.html"><div class="product-grid">
  <div class="more-product-info"><span>NEW</span></div>
  <div class="product-img b-link-stripe b-animate-go  thickbox">
      <img src="images/bs5.jpg" class="img-responsive" alt=""/>
      <div class="b-wrapper">
      <h4 class="b-animate b-from-left  b-delay03">
      <button class="btns">立即抢购</button>
      </h4>
      </div>
    </div>  </a>
    <div class="product-info simpleCart_shelfItem">
      <div class="product-info-cust">
        <h4>长款半身裙</h4>
        <span class="item_price">¥140.95</span>
        <input type="text" class="item_quantity" value="1" />
        <input type="button" class="item_add" value="加入购物车">
      </div>
      <div class="clearfix"> </div>
    </div>
  </div>
  <a href="single.html"><div class="product-grid">
  <div class="more-product-info"><span>NEW</span></div>
  <div class="more-product-info"></div>
  <div class="product-img b-link-stripe b-animate-go  thickbox">
      <img src="images/bs6.jpg" class="img-responsive" alt=""/>
      <div class="b-wrapper">
      <h4 class="b-animate b-from-left  b-delay03">
      <button class="btns">立即抢购</button>
      </h4>
      </div>
    </div></a>
    <div class="product-info simpleCart_shelfItem">
      <div class="product-info-cust">
        <h4>冬装套裙</h4>
        <span class="item_price">¥100.00</span>
        <input type="text" class="item_quantity" value="1" />
        <input type="button" class="item_add" value="加入购物车">
      </div>
      <div class="clearfix"> </div>
    </div>
  </div>
      </div>
      <div class="clearfix"></div>
```

```html
    </div>
    <div id="tab2" class="tab-grid2">
      <a href="single.html"><div class="product-grid">
 <div class="more-product-info"><span>NEW</span></div>
 <div class="more-product-info"></div>
 <div class="product-img b-link-stripe b-animate-go  thickbox">
    <img src="images/c1.jpg" class="img-responsive" alt=""/>
    <div class="b-wrapper">
    <h4 class="b-animate b-from-left  b-delay03">
    <button class="btns">立即抢购</button>
    </h4>
    </div>
 </div></a>
 <div class="product-info simpleCart_shelfItem">
   <div class="product-info-cust">
     <h4>运动裤</h4>
     <span class="item_price">￥187.95</span>
     <input type="text" class="item_quantity" value="1" />
     <input type="button" class="item_add" value="加入购物车">
   </div>
   <div class="clearfix"> </div>
 </div>
       </div>
<a href="single.html"><div class="product-grid">
 <div class="more-product-info"><span>NEW</span></div>
 <div class="more-product-info"></div>
 <div class="product-img b-link-stripe b-animate-go  thickbox">
    <img src="images/c2.jpg" class="img-responsive" alt=""/>
    <div class="b-wrapper">
    <h4 class="b-animate b-from-left  b-delay03">
    <button class="btns">立即抢购</button>
    </h4>
    </div>
 </div> </a>
 <div class="product-info simpleCart_shelfItem">
   <div class="product-info-cust">
     <h4>休闲裤</h4>
     <span class="item_price">￥120.95</span>
     <input type="text" class="item_quantity" value="1" />
     <input type="button" class="item_add" value="加入购物车">
   </div>
   <div class="clearfix"> </div>
 </div>
      </div>
<a href="single.html"><div class="product-grid">
 <div class="more-product-info"><span>NEW</span></div>
 <div class="product-img b-link-stripe b-animate-go  thickbox">
    <img src="images/c3.jpg" class="img-responsive" alt=""/>
    <div class="b-wrapper">
    <h4 class="b-animate b-from-left  b-delay03"> <button class="btns">
立即抢购</button>
    </h4>
    </div>
 </div></a>
```

```
        <div class="product-info simpleCart_shelfItem">
          <div class="product-info-cust">
            <h4>商务裤</h4>
            <span class="item_price">￥187.95</span>
            <input type="text" class="item_quantity" value="1" />
            <input type="button" class="item_add" value="加入购物车">
          </div>
          <div class="clearfix"> </div>
        </div>
            </div>
    <a href="single.html"><div class="product-grid">
      <div class="more-product-info"><span>NEW</span></div>
      <div class="product-img b-link-stripe b-animate-go  thickbox">
        <img src="images/c4.jpg" class="img-responsive" alt=""/>
        <div class="b-wrapper">
        <h4 class="b-animate b-from-left  b-delay03">
        <button class="btns">立即抢购</button>
        </h4>
        </div>
    </div>  </a>
      <div class="product-info simpleCart_shelfItem">
        <div class="product-info-cust">
          <h4>九分裤</h4>
          <span class="item_price">￥187.95</span>
          <input type="text" class="item_quantity" value="1" />
          <input type="button" class="item_add" value="加入购物车">
        </div>
        <div class="clearfix"> </div>
      </div>
    </div>
    <a href="single.html"><div class="product-grid">
      <div class="more-product-info"><span>NEW</span></div>
      <div class="more-product-info"></div>
      <div class="product-img b-link-stripe b-animate-go  thickbox">
        <img src="images/c5.jpg" class="img-responsive" alt=""/>
        <div class="b-wrapper">
        <h4 class="b-animate b-from-left  b-delay03">
        <button class="btns">立即抢购</button>
        </h4>
        </div>
    </div></a>
      <div class="product-info simpleCart_shelfItem">
        <div class="product-info-cust">
          <h4>九分裤</h4>
          <span class="item_price">￥187.95</span>
          <input type="text" class="item_quantity" value="1" />
          <input type="button" class="item_add" value="加入购物车">
        </div>
        <div class="clearfix"> </div>
      </div>
          </div>
    <a href="single.html"><div class="product-grid">
      <div class="more-product-info"><span>NEW</span></div>
      <div class="more-product-info"></div>
      <div class="product-img b-link-stripe b-animate-go  thickbox">
```

```
        <img src="images/c6.jpg" class="img-responsive" alt=""/>
        <div class="b-wrapper">
        <h4 class="b-animate b-from-left  b-delay03">
        <button class="btns">立即抢购</button>
        </h4>
        </div>
    </div></a>
    <div class="product-info simpleCart_shelfItem">
        <div class="product-info-cust">
            <h4>休闲裤</h4>
            <span class="item_price">¥180.95</span>
            <input type="text" class="item_quantity" value="1" />
            <input type="button" class="item_add" value="加入购物车">
        </div>
        <div class="clearfix"> </div>
    </div>
        </div>
        <div class="clearfix"></div>
    </div>
    <div id="tab3" class="tab-grid3">
        <a href="single.html"><div class="product-grid">
<div class="more-product-info"><span>NEW</span></div>
<div class="more-product-info"></div>
<div class="product-img b-link-stripe b-animate-go  thickbox">
    <img src="images/t1.jpg" class="img-responsive" alt=""/>
    <div class="b-wrapper">
    <h4 class="b-animate b-from-left  b-delay03">
    <button class="btns">立即抢购</button>
    </h4>
    </div>
</div> </a>
<div class="product-info simpleCart_shelfItem">
    <div class="product-info-cust">
        <h4>男童棉服</h4>
        <span class="item_price">¥160.95</span>
        <input type="text" class="item_quantity" value="1" />
        <input type="button" class="item_add" value="加入购物车">
    </div>
    <div class="clearfix"> </div>
</div>
</div>
</div>
<a href="single.html"><div class="product-grid">
<div class="more-product-info"><span>NEW</span></div>
<div class="more-product-info"></div>
<div class="product-img b-link-stripe b-animate-go  thickbox">
    <img src="images/t2.jpg" class="img-responsive" alt=""/>
    <div class="b-wrapper">
    <h4 class="b-animate b-from-left  b-delay03">
    <button class="btns">立即抢购</button>
    </h4>
    </div>
</div> </a>
<div class="product-info simpleCart_shelfItem">
    <div class="product-info-cust">
        <h4>女童棉服</h4>
```

```
      <span class="item_price">￥187.95</span>
      <input type="text" class="item_quantity" value="1" />
      <input type="button" class="item_add" value="加入购物车">
    </div>
    <div class="clearfix"> </div>
  </div>
      </div>

<a href="single.html"><div class="product-grid">
 <div class="more-product-info"><span>NEW</span></div>
 <div class="more-product-info"></div>
 <div class="product-img b-link-stripe b-animate-go  thickbox">
   <img src="images/t3.jpg" class="img-responsive" alt=""/>
   <div class="b-wrapper">
   <h4 class="b-animate b-from-left  b-delay03">
   <button class="btns">立即抢购</button>
   </h4>
   </div>
 </div></a>
  <div class="product-info simpleCart_shelfItem">
   <div class="product-info-cust">
     <h4>女童冬外套</h4>
     <span class="item_price">￥187.95</span>
     <input type="text" class="item_quantity" value="1" />
     <input type="button" class="item_add" value="加入购物车">
   </div>
   <div class="clearfix"> </div>
 </div>
</div>
<a href="single.html"><div class="product-grid">
 <div class="more-product-info"><span>NEW</span></div>
 <div class="more-product-info"></div>
 <div class="product-img b-link-stripe b-animate-go  thickbox">
   <img src="images/t4.jpg" class="img-responsive" alt=""/>
   <div class="b-wrapper">
   <h4 class="b-animate b-from-left  b-delay03">
   <button class="btns">立即抢购</button>
   </h4>
   </div>
 </div>  </a>
 <div class="product-info simpleCart_shelfItem">
   <div class="product-info-cust">
     <h4>男童羽绒裤</h4>
     <span class="item_price">￥187.95</span>
     <input type="text" class="item_quantity" value="1" />
     <input type="button" class="item_add" value="加入购物车">
   </div>
   <div class="clearfix"> </div>
 </div>
</div>
<a href="single.html"><div class="product-grid">
 <div class="more-product-info"><span>NEW</span></div>
 <div class="more-product-info"></div>
 <div class="product-img b-link-stripe b-animate-go  thickbox">
   <img src="images/t5.jpg" class="img-responsive" alt=""/>
```

```
        <div class="b-wrapper">
        <h4 class="b-animate b-from-left  b-delay03">
        <button class="btns">立即抢购</button>
        </h4>
        </div>
    </div>  </a>
    <div class="product-info simpleCart_shelfItem">
        <div class="product-info-cust">
            <h4>男童羽绒服</h4>
            <span class="item_price">¥187.95</span>
            <input type="text" class="item_quantity" value="1" />
            <input type="button" class="item_add" value="加入购物车">
        </div>
        <div class="clearfix"> </div>
    </div>
</div>
<a href="single.html"><div class="product-grid">
<div class="more-product-info"><span>NEW</span></div>
<div class="more-product-info"></div>
<div class="product-img b-link-stripe b-animate-go  thickbox">
    <img src="images/t6.jpg" class="img-responsive" alt=""/>
    <div class="b-wrapper">
    <h4 class="b-animate b-from-left  b-delay03">
    <button class="btns">立即抢购</button>
    </h4>
    </div>
</div></a>
<div class="product-info simpleCart_shelfItem">
    <div class="product-info-cust">
        <h4>女童羽绒服</h4>
        <span class="item_price">¥187.95</span>
        <input type="text" class="item_quantity" value="1" />
        <input type="button" class="item_add" value="加入购物车">
    </div>
```

15.4.2　动态效果代码

网站页面中的"立即抢购"按钮开始是隐藏的，当鼠标放置在商品图片上时会自动滑动出现，要想实现这种功能，可以在网站中应用 jQuery 库。要想在文件中引入 jQuery 库，需要在网页的<head>标记中应用下面的引入语句。

```
<script type="text/javascript" src="js/jquery.min.js"></script>
```

例如，在本程序中使用 jQuery 库来实现按钮的自动滑动运行效果，代码如下：

```
<script>
$(document).ready(function() {
  $("#tab2").hide();
  $("#tab3").hide();
  $(".tabs-menu a").click(function(event){
    event.preventDefault();
    var tab=$(this).attr("href");
    $(".tab-grid1,.tab-grid2,.tab-grid3").not(tab).css("display","none");
```

```
    $(tab).fadeIn("slow");
  });
  $("ul.tabs-menu li a").click(function(){
    $(this).parent().addClass("active a");
    $(this).parent().siblings().removeClass("active a");
  });
});
</script>
```

运行之后，在网站首页中把鼠标指针放置在商品图片上时，"立即抢购"按钮就会自动滑动出现，如图 15-15 所示。当鼠标指针离开商品图片后，"立即抢购"按钮就会消失，如图 15-16 所示。

图 15-15　按钮出现　　　　　　　图 15-16　按钮消失

15.4.3　购物车代码

购物车是一个购物网站必备的功能，通过购物车可以实现商品的添加、删除、订单详情列表的查询等。实现购物车功能的主要代码如下：

```html
<div class="cart">
  <div class="container">
    <ol class="breadcrumb">
    <li><a href="men.html">首页</a></li>
    <li class="active">购物车</li>
    </ol>
    <div class="cart-top">
    <a href="index.html"><返回首页</a>
    </div>

    <div class="col-md-9 cart-items">
      <h2>我的购物车(2)</h2>
      <script>$(document).ready(function(c) {
        $('.close1').on('click', function(c){
    $('.cart-header').fadeOut('slow', function(c){
    $('.cart-header').remove();
```

```
    });
    });
        });
    </script>
  <div class="cart-header">
    <div class="close1"> </div>
    <div class="cart-sec">
<div class="cart-item cyc">
    <img src="images/pic-2.jpg"/>
</div>
  <div class="cart-item-info">
    <h3>HLA海澜之家牛津纺休闲长袖衬衫<span>商品编号：HNEAD1Q002A</span></h3>
    <h4><span>价格：</span>¥150.00</h4>
    <p class="qty">数量::</p>
    <input min="1" type="number" id="quantity" name="quantity" value=
"1" class="form-control input-small">
  </div>
  <div class="clearfix"></div>
  <div class="delivery">
    <p>运费:¥5.00</p>
    <span>24小时极速发货</span>
    <div class="clearfix"></div>
    </div>
      </div>
  </div>
  <script>
      $(document).ready(function(c) {
      $('.close2').on('click', function(c){
    $('.cart-header2').fadeOut('slow', function(c){
    $('.cart-header2').remove();
      });
      });
      });
  </script>
  <div class="cart-header2">
    <div class="close2"> </div>
    <div class="cart-sec">
<div class="cart-item">
    <img src="images/pic-1.jpg"/>
</div>
  <div class="cart-item-info">
    <h3>HLA海澜之家织带裤腰休闲九分裤<span>商品编号：
HKCAJ2Q160A</span></h3>
    <h4><span>价格：　</span>¥200.00</h4>
    <p class="qty">数量:</p>
    <input min="1" type="number" id="quantity" name="quantity" value=
"1" class="form-control input-small">
  </div>
  <div class="clearfix"></div>
<div class="delivery">
    <p>运费:¥5.00</p>
    <span>24小时极速发货</span>
    <div class="clearfix"></div>
    </div>
      </div>
```

```
        </div>
    </div>

    <div class="col-md-3 cart-total">
      <a class="continue" href="#">订单明细</a>
      <div class="price-details">
        <span>总价</span>
        <span class="total">350.00</span>
        <span>折扣</span>
        <span class="total">---</span>
        <span>运费</span>
        <span class="total">10.00</span>
        <div class="clearfix"></div>
      </div>
      <h4 class="last-price">总价</h4>
      <span class="total final">360.00</span>
      <div class="clearfix"></div>
      <a class="order" href="#">添加订单</a>
      <div class="total-item">
        <h3>选项</h3>
        <h4>优惠券</h4>
        <a class="cpns" href="#">申请优惠券</a>
        <p><a href="#">登录</a>以账户方式获取优惠券</p>
      </div>
    </div>
  </div>
</div>
```

15.4.4 登录页面代码

运行本案例的主页文件 index.html，然后单击首页中的"登录"按钮，即可进入登录页面，下面给出登录页面的主要代码：

```
<div class="login">
  <div class="container">
    <ol class="breadcrumb">
    <li><a href="index.html">首页</a></li>
    <li class="active">登录</li>
    </ol>
    <div class="col-md-6 log">
        <p>欢迎登录，请输入以下信息以继续</p>
        <p>如果您之前已经登录我们，  <span>请点击这里</span></p>
        <form>
<h5>用户名:</h5>
<input type="text" value="">
<h5>密码:</h5>
<input type="password" value="">
<input type="submit" value="登录">
  <a href="#">忘记密码？</a>
        </form>
  </div>
    <div class="col-md-6 login-right">
        <h3>新注册</h3>
```

```
        <p>通过注册新账户，您将能够更快地完成结账流程，添加多个送货地址，查看并跟踪订
单物流信息等等。</p>
        <a class="acount-btn" href="registration.html">创建一个账户</a>
    </div>
    <div class="clearfix"></div>

  </div>
</div>
```

15.4.5 商品展示页面代码

购物网站最重要的功能就是商品展示页面，本网站包括 3 个方面的商品展示，分别是
女装、男装和童装。下面以女装为例，给出实现商品展示功能的代码：

```
<div class="product-model">
  <div class="container">
    <ol class="breadcrumb">
    <li><a href="index.html">首页</a></li>
    <li class="active">女装</li>
    </ol>
    <div class="col-md-9 product-model-sec">
  <a href="single.html"><div class="product-grid love-grid">
  <div class="more-product"><span> </span></div>
  <div class="product-img b-link-stripe b-animate-go  thickbox">
    <img src="images/bs3.jpg" class="img-responsive" alt=""/>
    <div class="b-wrapper">
    <h4 class="b-animate b-from-left  b-delay03">
    <button class="btns">立即抢购</button>
    </h4>
    </div>
  </div></a>
    <div class="product-info simpleCart_shelfItem">
      <div class="product-info-cust prt_name">
      <h4>蕾丝半身裙</h4>
      <span class="item_price">¥154</span>
      <input type="text" class="item_quantity" value="1" />
      <input type="button" class="item_add items" value="加入购物车">
    </div>
      <div class="clearfix"> </div>
    </div>
      </div>

  <a href="single.html"><div class="product-grid love-grid">
  <div class="more-product"><span> </span></div>
  <div class="product-img b-link-stripe b-animate-go  thickbox">
    <img src="images/ab2.jpg" class="img-responsive" alt=""/>
    <div class="b-wrapper">
    <h4 class="b-animate b-from-left  b-delay03">
    <button class="btns">立即抢购</button>
    </h4>
    </div>
  </div></a>
  <div class="product-info simpleCart_shelfItem">
```

```
       <div class="product-info-cust">
         <h4>雪纺连衣裙</h4>
         <span class="item_price">￥187</span>
         <input type="text" class="item_quantity" value="1" />
         <input type="button" class="item_add items" value="加入购物车">
       </div>
       <div class="clearfix"> </div>
     </div>
         </div>

         <a href="single.html"><div class="product-grid love-grid">
   <div class="more-product"><span> </span></div>
   <div class="product-img b-link-stripe b-animate-go  thickbox">
     <img src="images/bs4.jpg" class="img-responsive" alt=""/>
     <div class="b-wrapper">
     <h4 class="b-animate b-from-left  b-delay03">
     <button class="btns">立即抢购</button>
     </h4>
     </div>
   </div> </a>
   <div class="product-info simpleCart_shelfItem">
     <div class="product-info-cust">
       <h4>学院风连衣裙</h4>
       <span class="item_price">￥169</span>
       <input type="text" class="item_quantity" value="1" />
         <input type="button" class="item_add items" value="加入购物车">
       </div>
       <div class="clearfix"> </div>
     </div>
         </div>

         <a href="single.html"><div class="product-grid love-grid">
   <div class="more-product"><span> </span></div>
   <div class="product-img b-link-stripe b-animate-go  thickbox">
     <img src="images/bs2.jpg" class="img-responsive" alt=""/>
     <div class="b-wrapper">
     <h4 class="b-animate b-from-left  b-delay03">
     <button class="btns">立即抢购</button>
     </h4>
     </div>
   </div></a>
   <div class="product-info simpleCart_shelfItem">
     <div class="product-info-cust">
       <h4>超短裙</h4>
       <span class="item_price">￥198</span>
       <input type="text" class="item_quantity" value="1" />
         <input type="button" class="item_add items" value="加入购物车">
       </div>
       <div class="clearfix"> </div>
     </div>
         </div>

         <a href="single.html"><div class="product-grid love-grid">
   <div class="more-product"><span> </span></div>
   <div class="product-img b-link-stripe b-animate-go  thickbox">
```

```
        <img src="images/bs1.jpg" class="img-responsive" alt=""/>
        <div class="b-wrapper">
        <h4 class="b-animate b-from-left  b-delay03">
        <button class="btns">立即抢购</button>
        </h4>
        </div>
    </div></a>
    <div class="product-info simpleCart_shelfItem">
        <div class="product-info-cust">
          <h4>长款连衣裙</h4>
          <span class="item_price">￥167</span>
          <input type="text" class="item_quantity" value="1" />
          <input type="button" class="item_add items" value="加入购物车">
        </div>
        <div class="clearfix"> </div>
    </div>
        </div>

        <a href="single.html"><div class="product-grid love-grid">
    <div class="more-product"><span> </span></div>
    <div class="product-img b-link-stripe b-animate-go  thickbox">
      <img src="images/bs5.jpg" class="img-responsive" alt=""/>
      <div class="b-wrapper">
      <h4 class="b-animate b-from-left  b-delay03">
      <button class="btns">立即抢购</button>
      </h4>
      </div>
    </div></a>
    <div class="product-info simpleCart_shelfItem">
        <div class="product-info-cust">
          <h4 class="love-info">长款半身裙</h4>
          <span class="item_price">￥187</span>
          <input type="text" class="item_quantity" value="1" />
          <input type="button" class="item_add items" value="加入购物车">
        </div>
        <div class="clearfix"> </div>
    </div>
        </div>
    </div>
```

在每个商品展示页面的左侧还给出了商品列表，通过这个列表可以选择商品信息，代
码如下：

```
<div class="rsidebar span_1_of_left">
  <section  class="sky-form">
    <div class="product_right">
      <h3 class="m_2">商品列表</h3>
      <div class="tab1">
        <ul class="place">
  <li class="sort">牛仔裤</li>
  <li class="by"><img src="images/do.png" alt=""></li>
  <div class="clearfix"> </div>
        </ul>
        <div class="single-bottom">
    <a href="#"><p>牛仔长裤</p></a>
```

```html
          <a href="#"><p>破洞牛仔裤</p></a>
          <a href="#"><p>牛仔短裤</p></a>
          <a href="#"><p>七分牛仔裤</p></a>
       </div>
       </div>
          <div class="tab2">
          <ul class="place">
       <li class="sort">衬衫</li>
       <li class="by"><img src="images/do.png" alt=""></li>
       <div class="clearfix"> </div>
          </ul>
          <div class="single-bottom">
            <a href="#"><p>长袖衬衫</p></a>
            <a href="#"><p>短袖衬衫</p></a>
            <a href="#"><p>花格子衬衫</p></a>
            <a href="#"><p>纯色衬衫</p></a>
          </div>
          </div>
        <div class="tab3">
        <ul class="place">
          <li class="sort">裙装</li>
          <li class="by"><img src="images/do.png" alt=""></li>
          <div class="clearfix"> </div>
          </ul>
          <div class="single-bottom">
            <a href="#"><p>雪纺连衣裙</p></a>
            <a href="#"><p>蕾丝长裙</p></a>
            <a href="#"><p>超短裙</p></a>
            <a href="#"><p>半身裙</p></a>
          </div>
          </div>
        <div class="tab4">
        <ul class="place">
          <li class="sort">休闲装</li>
          <li class="by"><img src="images/do.png" alt=""></li>
          <div class="clearfix"> </div>
          </ul>
          <div class="single-bottom">
            <a href="#"><p>通勤休闲装</p></a>
            <a href="#"><p>户外运动装</p></a>
            <a href="#"><p>沙滩休闲装</p></a>
            <a href="#"><p>度假休闲装</p></a>
          </div>
          </div>
        <div class="tab5">
        <ul class="place">
          <li class="sort">短裤</li>
          <li class="by"><img src="images/do.png" alt=""></li>
          <div class="clearfix"> </div>
          </ul>
          <div class="single-bottom">
            <a href="#"><p>沙滩裤</p></a>
            <a href="#"><p>居家短裤</p></a>
            <a href="#"><p>牛仔短裤</p></a>
```

```
            <a href="#"><p>平角短裤</p></a>
        </div>
    </div>
```

为实现商品列表功能的动态效果，又在代码中添加了相关的 JavaScript 代码，其代码如下：

```
<script>
        $(document).ready(function(){
$(".tab1 .single-bottom").hide();
$(".tab2 .single-bottom").hide();
$(".tab3 .single-bottom").hide();
$(".tab4 .single-bottom").hide();
$(".tab5 .single-bottom").hide();

$(".tab1 ul").click(function(){
  $(".tab1 .single-bottom").slideToggle(300);
  $(".tab2 .single-bottom").hide();
  $(".tab3 .single-bottom").hide();
  $(".tab4 .single-bottom").hide();
  $(".tab5 .single-bottom").hide();
})
$(".tab2 ul").click(function(){
  $(".tab2 .single-bottom").slideToggle(300);
  $(".tab1 .single-bottom").hide();
  $(".tab3 .single-bottom").hide();
  $(".tab4 .single-bottom").hide();
  $(".tab5 .single-bottom").hide();
})
$(".tab3 ul").click(function(){
  $(".tab3 .single-bottom").slideToggle(300);
  $(".tab4 .single-bottom").hide();
  $(".tab5 .single-bottom").hide();
  $(".tab2 .single-bottom").hide();
  $(".tab1 .single-bottom").hide();
})
$(".tab4 ul").click(function(){
  $(".tab4 .single-bottom").slideToggle(300);
  $(".tab5 .single-bottom").hide();
  $(".tab3 .single-bottom").hide();
  $(".tab2 .single-bottom").hide();
  $(".tab1 .single-bottom").hide();
})
$(".tab5 ul").click(function(){
  $(".tab5 .single-bottom").slideToggle(300);
  $(".tab4 .single-bottom").hide();
  $(".tab3 .single-bottom").hide();
  $(".tab2 .single-bottom").hide();
  $(".tab1 .single-bottom").hide();
})
    });
</script>
```

商品列表的效果如图 15-17 所示。当单击某个商品时，可以展开其下的具体商品列表，如图 15-18 所示。

图 15-17 商品列表效果 图 15-18 展开商品详细列表

15.4.6 "联系我们"页面代码

运行本案例的主页文件 index.html，然后单击首页下方的"联系我们"超链接，即可进入"联系我们"页面。下面给出"联系我们"页面的主要代码：

```html
<div class="contact-section-page">
  <div class="contact_top">
    <div class="container">
    <ol class="breadcrumb">
      <li><a href="index.html">首页</a></li>
      <li class="active">联系我们</li>
    </ol>
      <div class="col-md-6 contact_left">
    <h2>发送邮件</h2>
        <form>
        <div class="form_details">
          <input type="text" class="text" value="姓名" onfocus="this.value
= '';" onblur="if (this.value == '') {this.value = 'Name';}"/>
          <input type="text" class="text" value="邮件地址" onfocus="this.value
= '';" onblur="if (this.value == '') {this.value = 'Email Address';}"/>
          <input type="text" class="text" value="主题" onfocus="this.value
= '';" onblur="if (this.value == '') {this.value = 'Subject';}"/>
        <textarea value="Message" onfocus="this.value = '';" onblur="if
(this.value == '') {this.value = 'Message';}">信息</textarea>
        <div class="clearfix"> </div>
        <input name="submit" type="submit" value="发信息">
      </div>
        </form>
      </div>
      <div class="col-md-6 company-right">
        <div class="contact-map">
    <iframe src="https://ditu.amap.com/"> </iframe>
        </div>
        <div class="company-right">
      <div class="company_ad">
    <h3>联系信息</h3>
        <address>
```

```
<p>电子邮件: <a href="mail-to: info@example.com">xingouwu@163.com</a></p>
<p>联系电话: 010-123456</p>
<p>地址: 北京市南第二大街 28-7-169 号</p>
</address>
</div>
    </div>
  </div>
  </div>
 </div>
</div>
```

以上代码的运行效果如图 15-19 所示。

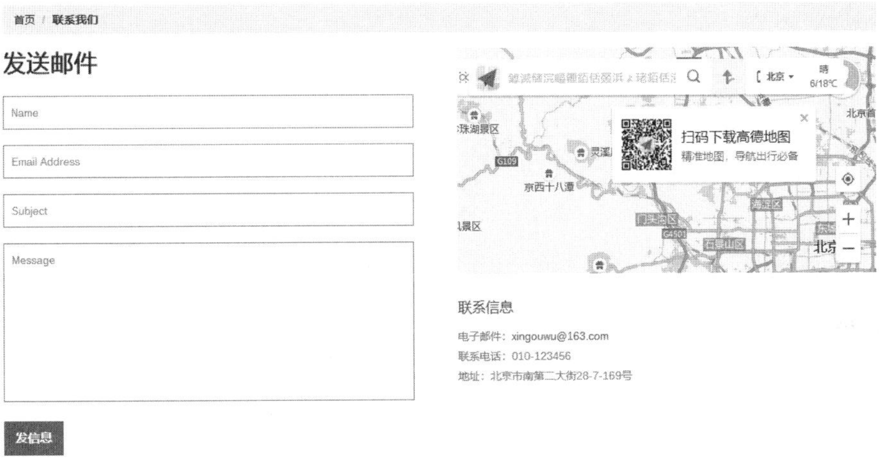

图 15-19　"联系我们"页面效果

15.5　项 目 总 结

本案例是模拟制作一个购物网站，该网站的主体颜色为粉色，给人一种温馨浪漫的感觉，网站包括首页、女装、男装、童装以及关于我们等页面，这些页面可以使用 HTML5来实现。

首页中的导航菜单，均使用 JavaScript 来实现简单的动态效果，当鼠标指针放置在某个菜单上时，就会显示其下的菜单信息，如图 15-20 所示。

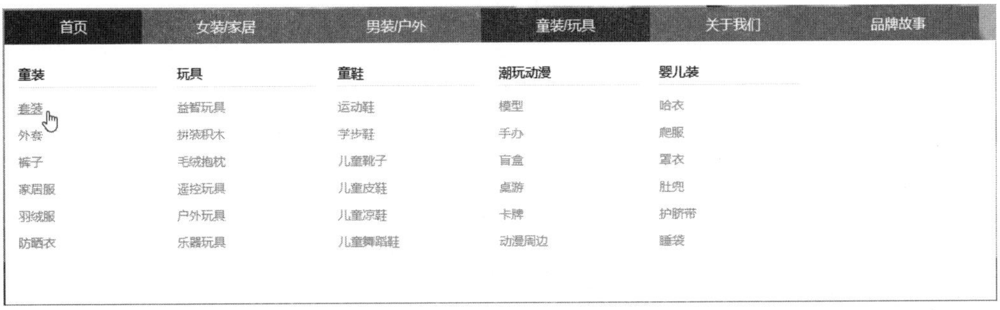

图 15-20　动态显示产品分类